每个人
都是自己最好的
疗愈师

孙郡锴　编著

中国华侨出版社
·北京·

图书在版编目 (CIP) 数据

每个人都是自己最好的疗愈师 / 孙郡锴编著. —北京：中国华侨出版社，
2015.8（2024.2 重印）
ISBN 978-7-5113-5612-3

Ⅰ．①每… Ⅱ．①孙… Ⅲ．①成功心理—通俗读物
Ⅳ．① B848.4-49

中国版本图书馆 CIP 数据核字（2015）第 191491 号

每个人都是自己最好的疗愈师

编　　著：孙郡锴
责任编辑：黄振华
封面设计：朱晓艳
经　　销：新华书店
开　　本：710 mm×1000 mm　1/16 开　　印张：14　字数：180 千字
印　　刷：三河市富华印刷包装有限公司
版　　次：2015 年 8 月第 1 版
印　　次：2024 年 2 月第 2 次印刷
书　　号：ISBN 978-7-5113-5612-3
定　　价：49.80 元

中国华侨出版社　北京市朝阳区西坝河东里 77 号楼底商 5 号　邮编：100028
发 行 部：（010）64443051　　　传　真：（010）64439708
网　　址：www.oveaschin.com　　E-m a i l：oveaschin@sina.com

如果发现印装质量问题，影响阅读，请与印刷厂联系调换。

前 言

不知从何时开始，我们的内心开始出现一个"黑洞"。为了填补它，有人会拼命赚钱，填补内在的"安全感缺失"；有的人渴望觅得一份天长地久的爱情，填补内心"爱的空缺"。于是，现在的人们患上了各种各样的"上瘾症"。但是，内心的那个"黑洞"根本无法通过这些外在的东西填补，除非找回自己的本心，以及对自己的爱。

我们这一辈子，你认为它短暂也好，觉得它漫长也好，都需要我们用心去感悟、用心去品味、用心去经营。人生是一个在摸索中前进的过程，既然是摸索，就免不了有失误，免不了要受挫折。事实上，没有人能够不受到一丝严寒、不受一丝风霜地走完人生。只不过，在相同的景况下，人们不同的心态决定了各自的人生。

其实，生活的现实对于我们每个人本来都是一样，但一经各人不同心态的诠释后，便代表了不同的意义，因而形成了不同的事实、环境和世界。心态改变，则事实就会改变；心中是什么，则世界就是什么。心里装着哀愁，眼里看到的就全是黑暗；抛弃已经发生的令人不痛快的事情或经历，才会迎来新心情下的乐趣。

也就是说，心情的颜色会影响世界的颜色。如果我们能够找回对自己的爱，对生活抱有一种达观的态度，就不会稍不如意便自怨自艾，只看到生活中不完美的一面。我们的身边大部分终日苦恼的人，或者说我们本人，实际上并不是遭遇了多大的不幸，而是自己的内心素质存在着某种缺陷，对生活的认识存在偏差。

这就需要疗愈。疗愈就是和过去的自己"和解"，对过去说"谢谢"，不再背着过往沉重的包袱，影响现在的生活。疗愈由浅入深，从容易面对的，到那些很难面对的，回溯到过去，重新经历，释放那些伤痛，用爱拥抱自己！

这个时候，你就是自己最好的疗愈师，只要你愿意。

记住：无论命运多么灰暗，无论人生有多少颠簸，都会有摆渡的船，这只船就在我们手中。

目　录

如果我不坚强，谁来替我勇敢

我若不坚强，懦弱给谁看？鸟儿站在树上，从来不会害怕树枝断裂，因为它相信的不是树枝，而是它自己的翅膀。

笑容，才是最靓丽的彩虹

坎坷人生路，给自己一份温暖；淡看风和雨，给自己一个微笑。把快乐装在心中，忧伤就会悄悄融化在微风里。

谁还在对过去念念不忘

不管过去发生了什么，不愉快的，忘了它，一切重新开始。不要老是拿着以前的那些点点滴滴来说事，过去不重要，重要的是现在，现在过得好才是真的好。

不快乐时，寻找快乐

很多人不快乐，是因为觉得现在的自己还不配拥有快乐，事实上，快乐给予了每个人相同的机会。不快乐时，去寻找，逗自己快乐，这才是快乐的最高境界，是生活的最大快乐。

当下的你就是最美的

　　你心若凋零，他人自轻视；你心若绽放，他人自赞叹。人言不足畏，最怕妄自菲薄，当我们以自信的态度看待自己，在别人的眼里，当下的你就是最美的。

在寒日里，心向太阳

这个世界从不缺少美丽与温暖，不管你现在经历着什么，不管你觉得世上有多少寒凉，倘若在寒冷的日子里经常看看太阳，你的心头就会充满阳光。

十全十美的畅想，换回了多少感伤

人生没有完美，只有完善；事情没有十全十美，只有尽量。总有期待到失望，总有梦想到落空，抱一颗豁达的心，直面生命中的缺憾。

留不住的人，不如放手

一生中总会有一个人让你笑得最甜，也总会有一个人让你痛得最深。忘记让你疼痛的那个人，如果真的忘不了，就默默地埋葬在心底，埋到岁月的烟尘触不到的地方……

只要心存一片海，就能包容一切

　　原谅他人的过错，不耿耿于怀，不锱铢必较，和和气气，做个大方的人。宽容如水般的温柔，似一泓清泉，款款抹去彼此一时的敌视，使人冷静、清醒。

学会感恩，才会在生活中发现美好

　　感恩是一种生活态度，是一种善于发现生活中的感动并能享受这一感动的思想境界。感恩父母，感恩家人，感恩朋友，感恩生活……包括感恩逆境和敌人，你会因此而快乐。

面对生活，坚守善良

我们想得太多，付出太少。除了机械地生活，我们更需要人性；除了智慧，我们更需要善良。没有这些品质，生命就没有意义。

携一缕淡然，带一份安好的心态

做一个淡然的人，带一份安好的心态，不浮不躁，不争不抢，不去计较浮华之事，不是不追求，只是不去强求。淡然地过着自己的生活，不要轰轰烈烈，只求安安心心。

最美的铭记，
总是来自百转千回之间

　　生活犹如万花筒，喜怒哀乐，酸甜苦辣，相依相随。也许真的不必太在意，把眼前的痛苦看淡，或许痛苦之后就是幸福。

大海航行，没有不受伤的船

我们的人生就像大海里的船舶，只要航行，就会遭遇风险。世上没有风平浪静的海洋，没有不受伤的船。

西班牙港口城市巴塞罗那有一家著名的造船厂，这家造船厂已经有1000多年的历史。这家造船厂从建厂的那一天开始就立了一个规矩，所有从造船厂出去的船舶都要复制一个小模型留在厂里，并把这只船出厂后的命运刻在模型上。厂里有房间专门用来陈列船舶模型。因为造船厂历史悠久，所造船舶的数量不断增加，所以陈列室也逐步扩大，从最初的一间小房子变成了现在造船厂里最宏伟的建筑，里面陈列着将近10万只船舶的模型。

所有走进这个陈列馆的人都会被那些船舶模型所震撼，不是因为船舶模型造型的精致和千姿百态，不是因为感叹造船厂悠久的历史和对于西班牙航海业的卓越贡献，而是因为每一个船舶模型上面雕刻的文字！

有一只名字叫西班牙公主号的船舶模型上雕刻的文字是这样的：本船共计航海50年，其间11次遭遇冰川，有6次遭海盗抢掠，有9次与其他船舶相撞，有21次发生故障抛锚搁浅。每一个模型上都有这样的文字，详细记录着该船经历的风风雨雨。在陈列馆最里面的一面墙上，是对上千年来造船厂的所有出厂的船舶的概述：造船厂出厂的近10万只船舶当中，有6000只在大海中沉没，有 9000 只因为受伤严重不能再进行修复航行，有 6 万只船舶遭遇过 20 次以上的大灾难，没有一只船从下海那一天开始没有过受伤的经历……

现在，这家造船厂的船舶陈列馆早已经突破了原来的意义，它已经成为西班牙最负盛名的旅游景点，成为西班牙人教育后代、获取精神力量的教育基地。

这正是西班牙人吸取智慧的地方：所有船舶，不论用途是什么，只要到大海里航行，就会受伤，就会遭遇灾难。

人在生命的长河中航行，难免会遭遇凄风苦雨，如果因为遭遇了磨难而怨天尤人，如果因为遭遇了挫折而自暴自弃，如果因为面临逆境而放弃了追求，如果因为受了伤害就一蹶不振，那你就大错特错了。人生就是这样的，只要你有追求，只要你去做事，就不会一帆风顺。

我们不能责怪风雨太疯狂，亦不该埋怨大海的无情，更不要去控诉命运的不公。谁都期望一路行去，尽是美景，然而这终究只能是个美好的愿景。所以，坦然地面对一切吧，无论是喜是忧。纵然伤痕累累，但只要一息尚存，就要擦干血泪，毅然前行。

温暖淡然，始于悲伤不安

我们一生要走很远的路，有顺风坦途，有荆棘挡道；有花团锦簇，有孤独漫步；有幸福如影，有痛苦随行；有迅跑，有疾走；有徘徊，还有回首……正因为走了许多路，经历了无数繁华与苍凉、喜悦与落寞，我们才能在时光的流逝中体会岁月的变迁，让曾经稚嫩的心慢慢地趋于成熟。

其实苦是生活的原味，累是人生的本质。你走得再远，爬得再高，也脱离不了苦与累的纠缠。人生就是一种承受、一种压力，你能在负重中前行，在障碍中奋进，那么无论走到哪里，你都能够支撑自己。所以失败时就多给自己一些激励，孤独时就多给自己一些温暖，让自己的心灵轻快些，让自己的精神轻盈些。因为心情的颜色会影响世界的颜色。

有位朋友前去友人家做客，才知道友人3岁的儿子因患有先天性心脏病，最近动过一次手术，胸前留下一道深长的伤口。

友人告诉他，孩子有天换衣服，从镜中看见疤痕，竟骇然而哭。

"我身上的伤口这么长！我永远不会好了。"她转述孩子的话。

孩子的敏感、早熟令他惊讶；友人的反应则更让他动容。

友人心酸之余，解开自己的裤子，露出当年剖宫产留下的刀口给孩子看。

"你看，妈妈身上也有一道这么长的伤口。"

"因为以前你还在妈妈的肚子里的时候生病了，没有力气出来，幸好医生把妈妈的肚子切开，把你救了出来，不然你就会死在妈妈的肚子里面。妈妈一辈子都感谢这道伤口呢！"

"同样地，你也要谢谢自己的伤口，不然你的小心脏也会死掉，那样就见不到妈妈了。"

感谢伤口！这四个字如钟鼓声直撞心头，那位朋友不由低下头，检视自己的伤口。

它不在身上，而在心中。

那时节，这位朋友工作屡遭挫折，加上在外独居，生活寂寞无依，更加重了情绪的沮丧、消沉，但生性自傲的他不愿示弱，便企图用光鲜的外表、强悍的言语加以抵御。隐忍内伤的结果，终致溃烂、化脓，直至发觉自己已经开始依赖酒精来逃避现状，为了不致一败涂地，才决定举刀割除这颓败的生活，辞职搬回父母家。

如今伤势虽未再恶化，但这次失败的经历却像一道丑陋的疤痕，刻画在胸口。认输、撤退的感觉日复一日强烈，自责最后演变为自卑，使他彻底怀疑自己的能力。

好长一段时日，他蛰居家中，对未来裹足不前，迟迟不敢起步出发。

朋友让他懂得从另一方面来看待这道伤口：庆幸自己还有勇气承认失败，重新来过，并且把它当成时时警醒自己，匡正以往浮夸、矫饰作风的警钟。

他觉得，自己要感谢朋友，更要感谢伤口！

我们应该佩服那位妈妈的睿智与豁达，其实她给儿子灌输的人生态度，于我们而言又何尝不是一种指导？人生本就是这样——它有时风雨有时晴，有时平川坦途，有时也会撞上没有桥的河岸。苦难与烦恼，亦如三伏天的雷雨，往往不期而至，突然飘过来就将我们的生活淋湿，你躲都无处可躲。就这样，我们被淋湿在没有桥的岸边，被淋湿在挫折的岸边、苦难的岸边，四周是无尽的黑暗，没有灯火、没有明月，甚至你都感受不到生命的气息。于是，我们之中很多人陷入了深深的恐惧，以为自己进入了人间炼狱，唯唯诺诺不敢动弹。这样的人，或许一辈子都要留在没有桥的岸边，或者是退回到起步的原点，也许他们自己都觉得自己很没有出息。然而，人活着，总不能流血就喊痛，怕黑就开灯，想念就联系，疲惫就放空，被孤立就讨好，脆弱就想家，人总不能被黑暗所吓倒，终究还是要长大，最漆黑的那段路终是要自己走完。

天才的辛苦，只有他们自己明白

似乎冥冥中已经注定，人生是需要用苦难浸泡的，没有了伤痛，生命就少了炫彩和厚重。只有在伤口中盛开的花朵，才是陪伴我们默默前行的风景。所以，与其心有余悸，千方百计去躲避，还不如把它雕刻在心灵的石碑上。无须回头，路在你的前面，后面只是你的影子。

温室中的花朵，很少能够得到诗人的垂青；贪图安逸的"懒人"，也就只能一次又一次地被人超越。这个世界很公平，你不肯付出，就不要奢望得到成功的眷顾。其实，"苦难"是一种对人生很有益的经历，因为它看起来有点像牡蛎，体内隐藏着一颗颗可以让我们迈向成功的"珍珠"！

有这样一个男人，他在 6 岁时就跟随父亲在台球房玩耍。生活中，他也唯独对台球情有独钟，常常一个上午目不转睛地看着别人打台球，甚至有时连吃饭都不记得。父亲发现了他的潜质，为了让他能够更好地练球，便将他送到上海的一家俱乐部进行系统训练。这是他第一次独自离家远行。在上海的两个月里，他不得不为大哥哥们打饭买烟，洗洗袜子等，这才打动了大哥哥们，偶尔会教他一些斯诺克技巧。

这次训练回来以后，父亲又带他到广州一家设备最好的桌球城进行专业训练。他和父亲每天晚上挤在桌球房的一个小角落中，那里只有一张小床，晚上他们经常被蚊子咬醒，奇痒无比，抓着抓着便化了脓。为了省钱，他只买几块钱一支的红霉素软膏涂抹。父亲见了，不免心疼，而他只是坦然一笑："没事。一打上球就全都忘了。"他就是被人们称为"神童"的丁俊晖。

神童的确是天才，但天才就是百分之一的天赋，外加百分之九十九的汗水。只是在成功面前，谁能懂得天才的付出、天才的辛苦呢？可能只有他自己明白，也只有他自己才品味得出。

生活有时的确很苦，但我们完全可以使它苦得像茶，在苦味之中散发着一缕清香。就像丁俊晖一样，也许对于旁观者而言，他们只看到了他今天的光鲜，但对于他自己来说，这段苦是刻骨铭心的，也正是因为有了这段苦，才成就了他今天的辉煌。

其实，人们最好的成绩往往是处于逆境时做出的。思想上的压力，甚至肉体上的痛苦都可能成为精神上的兴奋剂。在那些曾经受过折磨和苦难的地方，最能长出思想来。所以，很多时候，因为选择的不同，资质上相差无几的人便有了不一样的命运：有些人放弃安逸，甘受风霜的洗礼、尘世的雕琢，便做出了让人羡慕的成绩；有些人放弃雕琢，沉于安逸，便成了一块废料。那么，如果是你，你会放下什么、选择什么？

希望大家都能选择去吃一些苦，因为吃苦是成功必经的过程。幸福中有苦难，生活就是享受与受苦、幸福与悲哀的混合体。吃苦能够增强我们的免疫力，吃多少种苦，我们就会在多少艰难困苦的环境下获得免疫力。事实上你今天羡慕的那些"大人物"，当初也是"小人物"，只不过吃了别人吃不了的苦，才会成就别人成就不了的事业。

没有流过泪的人，怎会知道眼睛的清澈

我们深有体会，这个世界上，不是所有的事情都能令人满意，一些必要的挫折会帮助我们长大，痛苦是成长的必然经历，经历过痛苦的蜕变我们的人生才会更加绚丽。

无论你多么不愿意，人生之路就摆在那里，布满了坎坷和荆棘。生活的味道必然酸甜苦辣一应俱全，这一切都需要你去跨越，我们每越过一条沟坎就是一种人生，所经历的挫折、磨难、困惑就是人生的过程。人生百味，缺少哪一种味道都不完整，每一种味道我们都要亲自去品尝，没人可以替代。

其实人生的苦味甚至更多过甜味，一个人的降生便是从痛苦开始，而一个人生命的结束，多少也带着些许痛苦。人这一生就是不断与痛苦抗争的过程，人生的意义就在于从与痛苦的抗争中寻找快乐。

夏莎拥有一个称得上完美的家庭：丈夫杨子诺事业有成，儿子杨峰品学兼优，双方父母都身体健康，她自己则在家当一名养尊处优的全职太太。她对自己的生活状态很满意，觉得生活就是这样，已经没有什么遗憾了。

可是上天看不得她享受幸福生活，一场突如其来的变故打碎了她的幸福。

财务部经理卷走了丈夫公司所有的钱，给杨子诺留下了一个烂摊子：没有资金周转，公司已经无法运转；有债务关系的纷纷上门要债，声称不还就诉诸法律。公司陷入了生死两难的境地，杨子诺背负着巨大的压力。

遇到的问题虽困难，可是终会有解决的办法，丈夫杨子诺是个很有能力的人，所以夏莎并没有很恐慌。可是巨大的压力令杨子诺心脏病突发，他撒手而去离开了人世，把所有的担子都压到了夏莎的身上。

夏莎一下子蒙了，长期的安逸生活让她不知如何应对这场变故。丈夫的离世、公司的难题，都让她心力交瘁，她甚至想追随丈夫而去。可是看看双鬓斑白的老人，想想还未成年的儿子，她无法撒手西去，她必须挑起这副沉重的担子。她已经想尽办法筹钱，可是这个时候无人伸出援助之手。看着堵住家门的债主，夏莎苦不堪言。她费尽口舌向众人请求，希望可以多宽限些时日。或许是看在她孤儿寡母的份上，众人没有过分地难为她，最后答应给她一些时间让她再想办法。

债务的问题暂时解决了，可公司还是一个烂摊子。没有周转的资金，夏莎只好把自己的房子做了抵押，用微薄的资金支撑起公司的运作。公司勉强运作起来了，可是人员也快流失光了，大部分人都不愿待在风雨飘摇的公司里，只有少数的几个人留了下来。

因为公司停顿了一段时间，所以想要恢复以前的运作需要花费很大的精力，而且夏莎对公司的业务是完全陌生的，所有的东西她都要从头学起。

接下来的日子，夏莎一边虚心向公司的老员工求教，一边照顾老人孩子，高强度的劳作让她疲惫不堪。可是看到渐渐有起色的公司和安稳的家庭，她把所有的苦都咽进肚子里，然后继续努力。

经过两年的艰苦努力，夏莎还清了所有债务，公司也重新进入了正轨。

此时的夏莎已不再是当年的悠闲主妇，而变成了一位坚强、能干的女强人。苦难没有打倒她，反而为她展示了一番新的天地。

泪是成长必要的露水。人生可不是那么容易，总要经历各种各样的磨难和逼迫或者诱惑。但这又如何？它们终究杀不了你，反倒会使你变得更强，所以感谢给你苦难的一切吧，感激我们的失去与获得，学会理智，学会释怀，不要消沉于痛苦之中不能自拔，更不能让你爱的人和爱你的人为你担心，因你痛苦。痛苦不过是成长中必然经历的一个过程，如果你没有走出痛苦，那是因为你还没有成熟。

无数寂寞痛苦的黑夜，成就了无数颗明星

《圣经》中有这么一段话：人啊！你为何跃跃欲试？你为什么这样急于求成？你要耐得住寂寞，因为成功的辉煌就隐藏在寂寞的背后。落寞的时候会有很多，不管是在什么时候都要守得住自己的落寞，如果没有落寞的时候，又怎会有灿烂的到来呢？

在《人间词话》里，王国维也曾说："古今之成大事者、大学问者，必经三种境界：第一种境界是'昨夜西风凋碧树。独上高楼，望尽天涯路'；第二种境界是'衣带渐宽终不悔，为伊消得人憔悴'；最后一种境界是'众里寻他千百度，蓦然回首，那人却在灯火阑珊处'。"

第一境界是一个迷茫的阶段："昨夜西风凋碧树。独上高楼，望尽天涯路。"说的是做学问成大事业者，首先要有执着的追求、登高望远、瞰察路径、明确目标与方向和了解事物的概貌。这也是人生寂寞迷茫、独自寻找目标的阶段。

第二境界是一个执着的阶段："衣带渐宽终不悔，为伊消得人憔悴。"作者以此两句来比喻成大事者、大学问者，不是轻而易举就能得到的，必须有着坚定的信念，然后经过一番拼搏奋斗、辛劳努力、坚持不懈，直至人瘦带宽也不后悔的精神，才能取得成功。这也是人生的孤独追求阶段。

第三境界是一个返璞归真的阶段："众里寻他千百度，蓦然回首，那人却在灯火阑珊处。"这第三境界是说，做学问、成大事者，必须有执着专注的精神，反复追寻、研究，经过千辛万苦的探索之后，自然会豁然贯通，有所发现。这也是人生的实现目标阶段。

由此可见，要想获得成功，首先要耐得住寂寞，再加上不懈的努力和坚

持，才能到达自己追求的境界。耐得住寂寞是一个人思想灵魂修养的体现，是难能可贵的一种素质风范。

在漫漫的人生中，寂寞总是如影随形，它如同喜怒哀乐一样，时刻伴随着我们。要正确对待寂寞，耐得住寂寞，其实很简单，关键就取决于我们对寂寞的认识和追求成功的动机。

如果一个人胸无大志、平庸堕落，他自然是耐不住寂寞的；假如你有着高尚的思想境界，有着追求事业的良好心态，就能够在纷繁复杂的生活中告别"声色犬马"，走出浮躁喧嚣的世界，真正静下心来，踏踏实实地干好工作，认认真真地做好事业。

在荧屏上，有这样一种演员，观众对他们既熟悉却又陌生。熟悉的是，在很多电影里不止一次地见过他们；陌生的是，尽管观众对他们的面孔熟悉，但对他们了解很少，甚至不知道他们的名字，他们就是"跑龙套"的。

周星驰在早期剧集中也是扮演着微不足道的小人物，这些小人物的共同特点就是，除了一些梦想、一股气力和一点亲情外，其他一无所有。而在那个年代的香港，人们最看重的就是梦想。那个时代是一个有梦想的年代，无数香港人白手起家，发家致富，实现了自己的梦想。周星驰在演绎别人实现梦想的过程中也在努力实现自己的明星梦。

在当时众星云集、藏龙卧虎的无线电视台，外形、造型、台型都非常优秀的年轻红星数不胜数，如周星驰一样"跑龙套"的很多人无非是混口饭吃而已，刺客甲也好，路人乙也罢，都没有任何区别，只要赚点钱能养家糊口就够了。

为了能赚一点糊口的小钱，本来性格沉闷的周星驰还不得不学着很油条的样子，跟人家插科打诨、磨嘴皮子套近乎，有时候为一具死尸的差使也要费尽口舌才能争取到。几乎没有任何尊严可言，导演、场务、助理等随便哪个人都可以对他呼来喝去。每当这个时候，周星驰心里都感觉很委屈，但是又必须坚持着、无可奈何地去忍受。关于这些陈年旧事，周星驰不愿提起，每一次说起，都是一次难以缓解的伤感，连自己的情绪都很受影响。

如今的星爷是经历了一个怎样的成长路程？每个人看到的都是他辉煌的一面，他 25 年的星路历程，个中的辛酸是常人所不能理解的。他扛住了生活给他的考验，耐住了星路历程中的寂寞，几番打拼才获得了今天的成就。

只有耐得住寂寞考验的人，才会让灵魂在独处中得到升华，学会享受寂寞，在寂寞中创出自己的一番成绩。

王国维也曾经徘徊在寂寞的旅途中，1912 年，他与罗振玉一起去了日本，住在京都的乡下。用了六七年的时间，王国维系统地阅读了罗振玉大云书库的藏书，那段时间，他几乎与世隔绝。正是有了这六七年的寂寞，他最后实现了自己的成功和辉煌。

郭沫若在甲骨文、金文方面的成就，也是得益于他 1927 年至 1937 年在日本的十年苦读。如果没有这些年的寂寞，他又怎么会实现自己的辉煌成就呢？

路遥在介绍他的《平凡的世界》的创作过程时，这样写道：无论是汗流浃背的夏天，还是瑟瑟发抖的寒冬，白天黑夜泡在书中，精神状态完全变成一个准备高考的高中生，或者成了一个纯粹的"书呆子"。所以说路遥也曾经寂寞过，今天的灿烂离不开曾经的寂寞。寂寞之后，才能够实现自己的成功。

寂寞有的时候就像是一盏明灯，当你在灯光底下的时候，你往往感受到的是刺眼的强光，你根本找不到值得你去留恋的东西，因为这缕强光往往会影响到你的心情。如果在这个时候你不知道该怎么走，不妨停下来，在灯光下思索一下，最终你会发现自己前方的路。最终，你会发现自己已经走出了一条属于自己的路，最终也实现了自己的成功。

在这无数寂寞而痛苦的黑夜中，成就了无数颗明星。不管伟人们或者是有为之士怎样成功，他们都要经历一个阶段，那就是寂寞的时光。他们往往会沉浸在寂寞中，从而沉淀自己，最终，得到的不仅仅是成功。所以说不管在什么时候，都要知道灿烂的表现是成功，实质则是无数个寂寞的黑夜。

生活本来就是鲜花与荆棘并存

生于忧患，死于安乐。这是古人从大量事实中提炼出来的警句，直到今天，仍以它的深刻性启迪着人们。

以名句"先天下之忧而忧，后天下之乐而乐"传世的范仲淹，幼年丧父，家境贫困，但他从小养成了爱学习的良好习惯，有时宁可不吃饭，也要读书。年轻时，他住在醴泉寺的僧房里，因为口粮不足，便把仅有的一点粮食煮成一锅稀饭，待冷凝后，用刀划成三块，再切上几块咸菜，每顿饭各取一块充饥，坚持在僧房昼夜苦读，这样的生活持续了三年。这就是历史上有名的"断齑画粥"的故事。逆境没有让范仲淹屈服，他获得了丰富的知识，掌握了治国安邦平天下的本领，成为宋代著名的政治家、军事家、文学家。而他在逆境中顽强坚忍搏击的精神，也同他的名作《岳阳楼记》一样至今仍被人们广为传颂，让人们从中汲取战胜逆境的力量。

在逆境中崛起须有坚忍的毅力，而坚忍的毅力来源于对事业孜孜不倦的追求。这种对目标的追求和向往，能激发出无比巨大的力量，帮助人们战胜难以想象的困难。

童年的舒伯特就对音乐产生了浓厚的兴趣。长大后，虽然生活困苦不堪，但丝毫没有影响他对音乐的热爱。一天，他被饥饿折磨得焦躁不安，在大街上漫无目的地走着，忽然被酒店的菜香所吸引，不由自主地走了进去。在那里绅士们正饮着美酒，享受着美食佳肴。饥肠辘辘的舒伯特多想吃上一点什么东西充饥，可是他口袋空空，没有一文钱，他坐在一边随手翻着一张旧报纸。忽然，有几首儿歌一下子触动了他无限悲凉的心，灵感刹那间涌上心头，他立即掏出纸笔，飞快地记录下脑中盘旋的儿时的记忆和现实的凄凉。整首乐曲一挥而就，这就是闻名后世的《摇篮曲》。在饿得发昏的关头，他仍然想着音乐，这是舒伯特没有倒下去的一个顽强支点。凭着这信念，他以异乎寻常的坚忍之心，在艰难困苦之中迈出坚实的步伐。

如果说，现实已然无法改变，那我们就改变自己。平安是福，但谁也不可能平安一生，这生活总是要过的，我们犯不着与生活闹脾气，与其给自己拧上一个心结，还不如好好享受这个过程——不是在眼泪中沉沦，而是在磨难中崛起。当然，我们未必一定能够得到想要的结果，但只要你用心努力过，这就够了，没有成功也是收获。倘若我们将追求成功看作开花结果，那毫无疑问，成功就是果实，追求就是从种子到花开、到结果的美丽过程。但事实上，并不是每一朵花开，都有果实收获，人生只要绽放过美丽，我们就足以在生命的最后一刹那依旧满面笑容。

如果我不坚强，
谁来替我勇敢

我若不坚强，懦弱给谁看？
鸟儿站在树上，从来不会害怕
树枝断裂，因为它相信的不是
树枝，而是它自己的翅膀。

强者都是含着泪奔跑的

所有的成功，最初都是由一个小小的信念开始。有了足够强大的自信，才能创造出足够炫目的奇迹。你内心想成为什么样的人，那首先就要相信自己能够成为这样的人。其实，每个人原本都很渺小，唯一能够使我们变得强大的力量就是自信。没有自信，所有的理想都是夸夸其谈。所以每个人都不要看低自己，即使你现在真的很不起眼，只要信心没丢，你就能改变这一切，在这个世界上，沧海都能变成桑田，那还有什么不能改变的呢？

王江民出生在山东烟台一个普通家庭，3 岁时就感染了小儿麻痹，病愈后落下一条病腿。从王江民记事时起，他的腿就"已经完了"，他只知道自己下不了楼，一下楼，就从楼顶滚到了楼梯口。自此后，他再也不能和小伙伴们一起奔跑、跳跃了。这时的王江民只能每天守在窗口，看大街上熙熙攘攘的人群。在那以后很长的一段时间里，王江民都很自卑，他觉得自己就是社会的弃儿。因为身有残疾，上学时他经常被人欺负，还曾因为躲闪不及，那条不方便的腿又被人骑自行车压断了一次。那时候，他的心里是那样压抑。

但是后来，通过读书他对人生有了新的认识，高尔基的一句名言"人都是在不断地反抗自己周围的环境中成长起来的"唤醒了他。他认为自己完全可以适应社会、适应环境，完全可以征服人生道路上的坎坷与磨难，当然，这首先要从战胜自己开始，可是他走出的人生第一步却异常的沉重。

当时，在他家乡那里，自行车是唯一的出行交通工具，这样才能走得更快、更远，会骑自行车也是成功的标志，于是王江民就把自己的第一步确定为要像正常人一样学会骑自行车。可是他的腿不方便，没劲，站不稳，站、走都需要支撑物，更何况是骑车，所以他经常连车带人一起重重地摔到地上。可以说，他学骑自行车就是在摔倒中学会的。他甚至经常被摔得眼冒金星，趴在地上半天起不来，可是这并没有把他吓退。

好不容易自行车能够骑着走了，可是下车又成了问题。有一次忘了刹车，车速极快，他的身体下了车却忘记了放手，倒地的自行车就拖着他在地上走，那次他半边身子都被水泥地擦破了，鲜血直流。有人说："算了吧，何苦这样为难自己呢？"可他偏不，爬起来，身上的血也不擦，继续练下车。

在经过千百次摔打之后，王江民终于征服了那辆看似无法驾驭的自行车。他终于可以和正常人一样骑车外出了，那一刻，他感觉到自己与正常人根本没什么区别，于是他在自己心里的模样高大了起来。他知道，残疾并不能毁掉自己的理想，而且不能阻碍自己干任何事。

此后，腿不方便，可王江民偏偏要去爬高山、游泳。一次，在烟台海边的礁石上钓鱼，涨潮了，回不到岸上，只会潜水不会抬头游泳的王江民一个猛子扎进海水里，虽然饱尝了苦涩的海水，从此也学会了抬头游泳。

王江民就是这样，凭借强大的自信和毅力最终战胜了命运，为他自己创造了一次又一次新的机遇。

他一辈子没有上过大学，在 38 岁之后才开始学习电脑，却开发出了中国首款专业杀毒软件——江民杀毒软件，2003 年他跻身"中国 IT 富豪榜 50 强"。他先后被授予"全国青年自学成才标兵"、"新长征突击手"等称号。他的成功从某种角度来说也是他做人的成功，是意志力的成功，是与命运抗争的成功！

如今，王江民先生虽已故去，但他却在自己的生命史上留下了浓重的一笔，今天看来，依然那样艳丽。

其实，我们出生之时，人生就只是一张空白画布，在此后的日子里，你涂上什么，它就会呈现什么颜色，生命的精彩需要我们用勇敢和行动去描绘。对于一个普通人而言，三五年也许可以读完一个本科学位，也许可以赚进个十万、百万，但往往在我们的生命中，有太多个三五年被白白浪费。那么，我们为什么不让生命中多一些精彩、多一些瑰丽呢？是不是你心中还是有些畏惧？

的确，生命中许多美好在发生之前我们是未能感知的，甚至那时你所能感知到的竟是羞愧、痛苦与委屈，但不必看得太重！当生命行进到某一个阶段，它终会给你一个公平的说法。对于曾经的那些挫折、那些失败、那些痛苦、那些屈辱，那些轻视、那些诽谤……终有一天你会明白，那只不过是生命中的小小意外而已。千万别放弃自己，不要因为小意外，错失了大前途！

事实上，只要你愿意看到自己的独特以及不完美中的完美，愿意开始欣赏自己，你就能从工作、生活、婚姻、家庭、人际挫败等一切给你带来负面情绪的事物中，找回自己的信心及价值。

如果驾驭了苦难，苦难就是一条项链

人生总有磨难重重，我们谁也别想逃掉，是深是浅都要过，是苦是甜都要喝，是高是低都要和。但苦难其实并不可怕，挫折也无妨，一切希望都并非没有烦恼，而一切逆境也绝非没有希望。最美的刺绣是以明丽的花朵映衬于暗淡的背景，而绝不是以暗淡的花朵映衬于明丽的背景。人的美德犹如名贵的香料，在烈火焚烧中会散发出最浓郁的芳香。正如恶劣的品质可以在幸福中暴露一样，最美好的品质也正是在逆境中显现的。

她4岁时得了肿瘤，11岁腿上长脓肿，12岁发现得了脊柱侧弯，13岁在脊椎里埋植了两根钢条。之后她又因为颈部椎间盘突出、肩膀二头肌腱炎等经历了多次手术。至今她都不能弯腰，也无法像其他女人一样风情万种地扭动身体……从4岁开始，她的身体就出现了太多常人所无法面对的问题。"伤痛从来就没有消失过，我只是习惯了而已。"她习惯了一种时刻与伤痛斗争的生活。经常，疼痛涌上来了，她没有任何办法，只能照样穿好衣服，看看当天的训练和比赛安排。"活下去就是成功。"她总是这样告诉她的家人。

13岁时她第一次做脊椎手术，在背部植入了金属钢条和支架。从那以后，她便开始蓄起了长发，不为别的，只为遮盖手术后背部的伤疤。"伤疤不会消失，它一直在那里。它是我的弱点。"珍妮特·李每每想到她的伤疤，都会情绪低落，她说，"我对我的背部很敏感，哪怕有人站在我背后，我都会有不舒服的感觉，我吃饭的时候也会选择背对着墙。我不知道为什么。"

"她总是场上最抢眼的女人。"BBC的专栏作家詹姆斯这样说。黑色的披肩长发、黑色的无袖上装、黑色的特制手套和紧身皮裤，黑色的尖头高跟鞋——这样的亮相与其说是"扮酷"，不如说是掩盖缺陷。"我现在的气质和性感，都来自艰苦的台球训练，它是感性的、技术的、有风度的一种运动，我喜欢，所以我一直做到现在。"在与病魔抗争的时间里，她遇到了丈夫乔治·布里勒夫。那时她25岁，打球7年。

然而，就是这个对自己的伤疤讳莫如深的人，却做出了一个惊人的举动。最近一个世界闻名的时尚杂志推出了一系列明星们的最新写真，她终于不再为自己动过手术的身体而难堪，一袭黑色长发也悄然挽起，她大胆地向世人展示了她的伤疤。

当记者问她为什么有勇气将自己的伤疤暴露给大家的时候，她说，每个女人都会有自己的伤疤，有的在身体上，有的在心里。苦难并不可怕，如果你驾驭和征服了苦难，苦难就会是一条项链，使你变得更美丽。

她就是那个深受球迷喜爱的女子台球世界冠军，在台球桌前意气风发、光彩照人的"黑寡妇"——珍妮特·李。

坊间盛传她连续37个小时练球直至被送进医院、用塑胶带夜以继日地固定手型等难以想象的传言都是真的。每天晚上上床前，她光是上药就需要1个小时，还要让丈夫帮她按摩。"我只是想和我的家人一起享受台球和运动的快乐，因为我必须做好，做给每一个不幸的人看，李，你是好样的！"她没有跌倒，反而在艰辛中一次次站起来，这让她的意志和信念磨炼得比金属钢条和支架更坚强。

于是，我们看到了她的成绩：在美国女子职业撞球联盟（WPBA）征战不到一年，便成为世界十位顶尖女子职业球手之一。1994年，她赢得巴尔的摩锦标赛、华盛顿锦标赛两项8球比赛冠军后，又接连捧回一座座花式九球奖杯，1996年赢得年度WPBA冠军，排名世界第一。作为一名亚裔台球选手，这项荣誉来之不易。到目前为止，她已是女子花式九球项目的世界级偶像和符号。

黑色让她美丽，而苦难让她超越了美丽。

一个倒霉的开端并不意味着一定是个悲惨的结局，事情的结果终究没有确定。或许，多一点心气、多一点斗志，事情的结果就会大不一样。这世界上根本就没有过不去的坎。

不是每次落榜，都只留下痛苦回忆

十年寒窗苦读，一朝高考落第，任谁心里都不会好过，对谁而言都是一个不小的打击。但高考失利并不意味着人生失败，高考只是"人生第一考"，不是"人生唯一考"。

20 年前，他是一名高考失败者，虽然语文成绩仅次于全省的文科状元，但数理化加起来不足百分的窘境最终还是让他遭遇滑铁卢。找学校插班复读，人家一看高考成绩单立刻摇头拒绝。想应聘工作，一纸高中学历又让他屡屡碰壁，无奈之下踏上南下寻梦之路，成了一名打工仔。

5 年打工生涯，他从事的都是最底层的工作，当过搬运工，在流水线当印刷工时甚至还差点被卷进机器，借钱做了点小生意，最后也是赔得血本无归。那段时间是他人生的最低谷，庆幸的是他并未放弃，一直在苦苦追寻每一个可能成功的机会。

有一天，他在报纸上看到一则电视台招聘接待员的消息，虽然他知道接待员不过是端茶倒水、接接电话、跑跑腿之类的活，但还是坚决地报了名，并顺利地被录取。他和200多名接待员一样，每天都做着可有可无的工作。渐渐地，他又对眼前的工作产生了困惑，不甘心一辈子这样平庸下去。于是他萌生了一个大胆的念头，要努力当一名记者。

为了熟悉记者的工作流程，他开始进行"感情投资"，帮记者们打扫卫生、扛机器，别人不愿意干的脏活累活他都抢着干，即便被同事们骂成"傻冒"，他也不放在心上。靠着勤快和爱学，他开始得到一些记者的赏识，有些记者不愿意跑的小新闻就交给他去做。虽是小新闻，他照样做得细致好看。领导看他小题材做得有声有色，渐渐地把一些大的题材交给他做。1996年8月，由他担纲总摄影拍摄的专题片《飞向亚特兰大》在全国长篇电视专题片评比中荣获二等奖，他也因此成了一名堂堂正正的记者。

从跑前跑后的勤杂工成长为一名正式记者，他并没有沾沾自喜，他的理想是要成为台里甚至全国最优秀的记者。为了及时了解和解析新闻，他从来都是第一个到达新闻现场，虚心听取群众的呼声。虽然是台里的记者，但在台里几乎见不到他的影子，他的足迹永远都在新闻第一线。

一个偶然的机会，他从幕后走到前台，成了一名主持人，从选稿到播报内容，都由他全权负责。靠着良好的文字功底和不断地自学，他所撰写的新闻评论逐渐成为最受欢迎的节目。他完全颠覆了人们对传统新闻主持人的概念，成功地塑造了另一类平民化的新闻主持模式，被老百姓亲切地称为"平民的代言人"。他的节目收视率甚至达到惊人的17.7%。

他独特犀利的主持风格引起全国各大媒体的关注和讨论，《南方周末》拿出专版联合全国各地的专家对他的主持风格进行了研究。2004年，他还作为全国地方台的主持人入选"中国最新锐十大主持人"。

他就是主持人孟非，一个如今被全国观众熟知了的光头主持人，靠着百折不挠的勤奋和好学成就了今日的盛名，在2010年上海电视节又被评为全国"电视节目主持人30年风云人物"。

落榜了，别伤心！落榜并不可怕，路有千万条。学校不能决定你成为什么样的人，高考不能决定你的命运，决定这一切的是你自己，你才是自己人生的主人。

不做命运面前的侏儒

命运其实是公平的，它为你关上一扇门，总会在其他地方为你打开一扇窗，关键在于，你肯不肯去推开它，迎接生命中的曙光。

客观地说，我们活着，很多事情的确无法如愿，人生没有十全十美，更可气的是，有些时候我们连七八分美都没有：或许你是个爱美的人，但偏偏生下来就有残疾；或许你是个心高的人，但偏偏就生在一个平凡之家；或许你一直很相信爱情，但偏偏遇到的都不是什么良人……这样的事情在我们身上出现的太多太多，那怎么办？认命吗？是个"破罐子"就要破摔吗？你可知道：残疾并不可怕，最可怕的是因为残疾而自我放弃、不敢见人；出身贫寒亦不可怕，最可怕的是心灵贫穷，怨天尤人；失恋、背叛都杀不了人，能杀死你的只有你那不堪一击的心！

困难是个什么东西？困难是弹簧，你弱它就强！父母生你出来，倾尽所有将你养大，不是要看你将自己的生命经营得那么"袖珍"。你要是还有两根硬骨头，那么即便他们将你生成个"袖珍人"，你也应该让他们看到你的幸福！看到你在不断地成长。

在东北吉林有一个袖珍姑娘，她出生时因为母亲难产患上了生长激素缺乏症，只有通过注射生长激素才能长高。但这种东西价格不菲，普通家庭根本承担不起。她的父母含着泪停止了她的治疗。后来，因为骨骺闭合，她的身高最终停留在了1.16米，但就算如此，也未能阻止她不断追逐自己梦想的高度。这个姑娘，心理上没有丝毫自卑，除了身高，你看不出她与正常人有什么两样。

其实，一般袖珍人在成长过程中所遭遇的问题和困扰，她都经历过，只是她都能以乐观坚强的性格一一克服。

因为身高的原因，求学时她就遇到了很多困难，入学、升学、考试等各种问题，甚至大学都是站着上完的，但她仍然靠自己的努力顺利通过了英语专业八级的考试，并顺利毕业。

作为长春师范院校英语专业的学生，当老师是她最大的梦想，然而1.16米的身高注定了她与这份深爱的职业无缘。接下来的每一次招聘会，她都会被无情地伤害。尽管她的英语口语和文字都比较好，但用人单位只要一看到她的身高，就都会将她拒之门外。那时候，她家周围一些有残疾的，从事卖报纸、修汽车等工作的朋友曾想帮她找一份类似的工作，都被她婉言谢绝了，不是看不起这样的工作，只是她觉得放弃这么多年的所学，真的不甘心。她仍坚持着跑招聘会，后来，长春市一家制药企业终于被她自强的精神所感动了，他们向她伸出了橄榄枝，与她签订协议，聘请其担任英语翻译。

得到了稳定的工作，她开始有计划地去实现自己的梦想，她的梦想有很多，大多与袖珍人有关。这个坚强且博爱的姑娘深知自己的遗憾已经无法弥补，但她不想让更多的袖珍人再留下遗憾，于是经过不懈的努力，"全国矮小人士联谊会"在她的推动下成立了，目前已在全国各地粗具规模。在收获事业的同时，她也在联谊会里收获了自己的爱情。

2011年，这个袖珍姑娘身穿白纱挽着自己的爱人步入了神圣的婚姻殿堂，这在早些年甚至是她从没想到能够实现的梦想。

婚礼上，30多名苏浙沪的袖珍人带着对这对新人的祝福来到现场。"我们也希望能像他们一样幸福，找到可以相伴一生的人！"多名"袖珍姑娘"沉浸在喜悦中。婚礼现场更感人的一幕是，来自全国各地的99名袖珍朋友隔空发来了对新人的祝福视频。从"中国达人秀"走出来的"袖珍明星"朱洁和秦学仕也来到现场，献上了一曲《甜蜜蜜》，祝福新人婚姻甜蜜，生活美满。中国红十字基金会项目管理部副部长周魁庆代表中国红基会赠送了礼物，更带来"成长天使基金"的"爱心天使"佟大为、关悦夫妇的视频祝福。

这个全国知名的袖珍才女叫逯家蕊，她的微博标签是"袖珍女孩、水晶人生"。

只有那些不向命运低头的人，才能够逆转命运的残酷。有些人即便天生就是个侏儒，他也能书写出闪亮的水晶人生，折射出别样的光彩；而如果你甘受命运的摆布，摆烂自己的人生，那么你也算不上是个正常人。

我们可以把人生比作一场牌局，上帝负责为每一个人发牌，牌的好坏不能由我们选择，但我们可以用好的心态去接受现实。即使你手中只是一副烂牌，但你可以尽最大努力将牌打得无可挑剔，让手中的牌发挥出最大威力。相反，如果上帝给了你一副好牌，但你总是乱出招，那么再好的牌面也会被你糟蹋。给大家一个忠告：上帝只是负责发牌，玩牌的是我们自己，至于能不能把生活玩转，那就要看你有没有不认输的拼劲了。

苦难是经过化妆的幸福

刚毅拯救了尘俗边缘的灵魂，摒弃了世俗的舒适和安逸带来的贪恋、犹疑、怯懦，所有的困厄在其面前最终只能销声匿迹。

刚毅体现壮美，这种壮美势必扬弃盲目的追求和取舍，让思想更深刻、心灵更坚韧、品德更高尚。

自然而完美的高音，唯有帕瓦罗蒂！

他是一个从小生长在家境十分贫寒中的苦孩子，有一个做面食师的父亲，和雪茄厂做工人的母亲，穷困却从未动摇过一个孩子对歌唱的执着。

声乐课后的帕瓦罗蒂还要做每个月仅 8 美元的家教，这对他是杯水车薪。于是他又做保险，却又因此导致声带受损，无法发音。这对于他无异于雪上加霜，但他的骨子里却一直涌动着顽强不息的斗志。

痊愈后的帕瓦罗蒂开始在意大利一家歌剧院演出。他备受排挤、压制，表演的机会少得可怜，但他始终没有放弃潜心苦练。1963 年，世界著名指挥家冯·卡拉发现了这个人才。在 1970 年《军中女郎》的一个咏叹调，他以一连串爆发 9 个高音 C 的奇迹，征服了美国音乐人赫伯特·布莱斯林，同时也征服了世界。一个穷孩子成长为男高音歌唱家，靠的就是与困境进行顽强斗争的精神。

弥尔顿有句名言："谁最能忍受苦难，谁的能力最强。"乘风破浪，顽强拼搏。苦难或许是上帝送给人最好的礼物，通过艰苦磨炼才会产生不屈不挠的人。

苦难往往是经过化妆的幸福。"黑暗并不可怕。"一位波斯圣哲说。苦难往往是令人心酸的，但是它是有益于身心的。不屈不挠的人是自信的，他的人生字典写满成功；不屈不挠的人是刚强的，他总有一个支撑自己的精神支柱。最高尚的品格是从不屈不挠中磨炼出来的，一颗坚韧而又刚毅的心灵从炼狱般的锻造中所获取的要比从安逸享受中产生的成功多得多。

同一种命运，对刚毅的人和懦弱的人会有不同的结局。懦弱的人屈从命运，刚毅的人用不屈不挠的精神改造命运，锻造人生。

莎莉·拉斐尔是美国著名的电视节目主持人，曾经两度获奖，在美国、加拿大和英国每天有 800 万观众收看她的节目。可是她在 30 年的职业生涯中，却曾被辞退 18 次。

刚开始，美国大陆的无线电台都认定女性主持不能吸引听众，因此没有一家愿意雇用她。她便迁到波多黎各，苦练西班牙语。有一次，多米尼加共和国发生暴乱事件，她想去采访，可通讯社拒绝了她的申请，于是她自己凑够旅费飞到那里，采访后将报道卖给电台。

1981 年她被纽约一家电台辞退，无事可做的时候，她有了一个节目构想。虽然很多家广播公司觉得她的构想不错，但因为她是女性，还是没有公司愿意雇用她。最后她终于说服了一家公司，受到了雇用，但她只能在政治台主持节目。尽管她对政治不熟，但还是勇敢尝试。1982 年夏，她的节目终于开播。她充分发挥自己的长处，畅谈 7 月 4 日美国国庆对自己的意义，还请观众打来电话互动交流。令人想不到的是，节目很成功，观众非常喜欢她的主持方式，所以她很快成名了。

当别人问她成功的经验时，她发自内心地说："我被人辞退了18次，本来大有可能被这些遭遇所吓退，做不成我想做的事情。结果相反，我让它们鞭策我前进。"

正是这种不屈不挠的性格使莎莉在逆境中避免了一蹶不振、默默无闻的一生，走向了成功。

笑容，
才是最靓丽的彩虹

坎坷人生路，给自己一份温暖；淡看风和雨，给自己一个微笑。把快乐装在心中，忧伤就会悄悄融化在微风里。

丢掉自我怜悯的假面具

事业不顺、婚姻不顺、生活不顺……种种不顺一时间都让你碰上了。这时，如果你一味地顾影自怜，会觉得自己是天底下最倒霉的人。于是，从此在别人面前或者内心里，你成了一个自怜并需要别人同情的可怜人。于是你变得真的可怜，而那个真实的自己就这样被掩盖起来。

如果你与生俱来的音乐天赋外加你在钢琴上下了 10 年的苦功，使你成为大众公认的音乐家了，你用你音乐的才能赚到了进大学的费用；你在大学医科选定了外科的专业，专心研习，希望将来能成为在社会上为患者解除病痛的服务者，同时，你又热心地希望用音乐做你的副业，而对于人类也有服务的机会。然而正当你这样热心地期待着将来的事业成功的时候，你不幸地遭遇车祸，你的双手被撞坏，在你的专业与爱好上都无法发挥作用。这时候，你该怎么办呢？

倘若你除音乐的才能之外，还有演说才能，当对外科与音乐都绝望时，你日夜训练，使自己成为一个演说家、教育家。经过几年的训练和研究之后，你居然做到了，并且赚了很多钱，但在这时候，你又得了严重的胃溃疡住进了医院。经过半年多的治疗，病虽然好了，但大病初愈还须休养才能恢复。这时候，你又该怎么办呢？

以上两个问题，都是梅森先生亲身经历的。上天既赋予梅森先生音乐和演说的才能，同时又赋予他不屈不挠的精神，所以他虽曾陷于这两种悲惨的情形之中，却从没有过自暴自弃的念头。在这两种情形之中，他也曾有过失望，这正如一个人倾尽所有投资于一家工厂，等到工厂要开工的时候，忽然半夜被人唤醒，他所有的一切都在半夜的火焰里化为灰烬的情形一样。

但是，自怜是于事无补的，在这时候，他得到了在小时候曾经发生过的一件事情的帮助。在他幼小的时候，他母亲先患伤寒，继之患肺炎，最后又患脑膜炎，陷入昏迷之中。他希望母亲醒过来，认得他，可母亲一直没有知觉。有一天晚上，父亲先后请来了几位医师，都说母亲的病无望了。

将近半夜的时候，他们的家庭医师告诉父亲说，母亲的生命维持不到天亮了，让父亲预备后事。他听到这悲惨的消息哭叫一声，跪在父亲的脚边，抱着他的踝骨哭了起来。他的父亲立即抱起他来，要他站着。父亲看见他站也站不住，只是哭个不休，于是正色望着他，对他说道："孩子啊，这是人类不得不勇敢地站起来去应对的困难事件之一。"

梅森先生在儿童时期，父亲曾有多次给他生活上的教训，但是，在他一生所受到父亲的许多积极的教训之中，无过于在母亲性命垂危的那夜所得到的。

隔了13年，他被汽车撞坏了双手，对于他理想中的前途完全绝望，他的心不知不觉回到了母亲临终的那天夜里，竟忍不住哭了起来。但是他的耳朵里忽然听到父亲的声音："孩子啊，这是人类不得不勇敢地站起来应对的困难事件之一。"

多少年以来，梅森先生到处演说，到处播音。男女老少来他这里倾诉他们的不幸和悲伤，其中有许多人说："实在没办法了，我只得预备自杀！"但是，真的没有办法了吗？事实上不过甘心自弃罢了！掀掉这个自我怜悯的假面具你会发现：还有一个比自己想象中更坚强的自己。

问题不是发生了什么，而是如何面对它

第一次意外事故，把米契尔身上 65％以上的皮肤都烧坏了。他变得面目可怖，手脚变成了不分瓣的肉球，为此他动了 16 次手术。手术后，他无法拿叉子，无法拨电话，也无法一个人上厕所，但以前曾是海军陆战队队员的米契尔从不认为他被打败了。面对镜子中难以辨认的自己，他想到某位哲人曾经说："相信你能你就能！""问题不是发生了什么，而是你如何面对它。"他说："我完全可以掌握我自己的人生之船，我可以选择把目前的状况看成是倒退或是一个起点。"

他很快从痛苦中解脱出来，几经努力、奋斗，变成了一个成功的百万富翁。米契尔为自己在科罗拉多州买了一幢维多利亚式的房子，另外还买了房地产、一架飞机及一家酒吧。后来他和两个朋友合资开了一家公司，专门生产以木材为燃料的炉子，这家公司后来成为佛蒙特州第二大的私人公司。

意外事故发生后 4 年，他不顾别人苦苦规劝，坚持要用肉球似的双手学习驾驶飞机。结果，他在助手的陪同下升上了天空后，飞机突然发生故障，摔了下来。当人们找到米契尔时，发现他的脊椎骨粉碎性骨折，他将面临的是终身瘫痪。家人、朋友悲伤至极，他却说："我无法逃避现实，就必须乐观地接受现实，这其中肯定隐藏着好的事情。我身体不能行动，但我的大脑是健全的，我还有可以帮助别人的一张嘴。"他用自己的智慧、用自己的幽默去讲述能鼓励病友战胜疾病的故事。他到哪里笑声就荡漾在哪里。

在厄运的重创下，米契尔仍不屈不挠，日夜努力使自己能达到最高限度的独立。他被选为科罗拉多州孤峰顶镇的镇长，以保护小镇的美景及环境，使之不因矿产的开采而遭受破坏。米契尔后来也曾竞选国会议员，他用一句"不要只看小白脸"的口号，将自己难看的脸转化成一项有利的资产。

一天，一位护士学院毕业的金发女郎来护理他，他一眼就认定这就是他的梦中情人，他将他的想法告诉了家人和朋友，大家都劝他："别再痴心妄想了，万一人家拒绝你多难堪呀！"他说："不，万一成功了呢？万一她答应了呢？"米契尔决定去抓住哪怕只有万分之一的可能，他勇敢地向那位金发女郎约会、求爱。结果两年之后，那位金发女郎嫁给了他。米契尔通过不懈的努力，成为美国人心目中的英雄，也成为美国坐在轮椅上的国会议员，拿到了公共行政硕士学位，并持续他的飞行活动、环保运动及公共演说。

米契尔说："我瘫痪之前可以做 1 万件事，现在我只能做 9000 件，我可以把注意力放在我无法再做的 1000 件事上，或是把目光放在我还能做到的 9000 件事上，告诉大家我的人生曾遭受过两次重大的挫折，如果我能选择不把挫折拿来当成放弃努力的借口，那么，或许你们可以从一个新的角度，来看待一些一直让你们裹足不前的经历。你可想开一点，然后你就有机会说：或许那也没什么大不了的！"

要抓住万分之一的机会，可不是那么容易的，必须要有积极、乐观的人生态度；只有凡事往好处想，才能视困难为机遇和希望，才能迎难而上，增添生活的勇气和力量，战胜各种艰难险阻，赢得人生与事业的成功，那万分之一就成了百分之百。

如果不能流泪，不如选择微笑

遗憾会使一些人堕落，也会使一些人清醒；能令一些人倒下，也能令一些人奋进。同样的一件事，我们可以选择不同的态度去对待。如果我们选择了积极心态，并作出积极努力，就一定会看到前方瑰丽的风景。

其实，人生中的遗憾并不可怕，怕就怕我们沉浸在戚戚的遗憾诉说中停滞不前。即便是那些看似无法挽回的悲剧，只要我们意念强大，勇敢面对，就能修正人生航向，创造人生幸福，实现人生价值。

美国女孩辛蒂在到山上散步，带回一些蚜虫。她拿起杀虫剂想去除蚜虫，却感觉到一阵痉挛，原以为那只是暂时性的症状，谁料她的后半生从此陷入不幸。

杀虫剂内所含的某种化学物质使辛蒂的免疫系统遭到破坏，使她对香水、洗发水以及日常生活中接触的一切化学物质一律过敏，连空气中所含有的化学成分也可能使她的支气管发炎。这种"多重化学物质过敏症"，到目前为止仍无药可医。

起初几年，她一直流口水，尿液变成绿色，有毒的汗水刺激背部形成了一块块疤痕。她甚至不能睡在经过防火处理的床垫上，否则就会引发心悸和四肢抽搐。后来，她的丈夫用钢和玻璃为她盖了一所无毒房间，一个足以逃避所有威胁的"世外桃源"。辛蒂所有吃的、喝的都得经过选择与处理，她平时只能喝蒸馏水，食物中不能含有任何化学成分。

很多年过去了，辛蒂没有见到过一棵花草，听不见一声悠扬的歌声，感觉不到阳光、流水和风。她躲在没有任何饰物的小屋里，饱尝孤独之余，甚至不能哭泣，因为她的眼泪跟汗液一样也是有毒的物质。

然而，坚强的辛蒂并没有在痛苦中自暴自弃，她一直在为自己，同时更为所有化学污染物的牺牲者争取权益。后来，她创立了"环境接触研究网"，以便为那些致力于此类病症研究的人士提供一个窗口。几年以后辛蒂又与另一组织合作，创建了"化学物质伤害资讯网"，以帮助人们免受化学物质伤害的威胁。

目前这一资讯网已有来自32个国家的5000多名会员，不仅发行了刊物，还得到美国、欧盟及联合国的大力支持。

她说："在这寂静的世界里，我感到很充实。因为我不能流泪，所以我选择了微笑。"

是啊，既然不能流泪，不如选择微笑。当我们选择微笑地面对生活时，我们也就走出了人生的冬季。

岁月匆匆，人生也匆匆，当困难来临之时，学着用微笑去面对、用智慧去解决。永远不要为已发生的和未发生的事情忧虑，已发生的再忧虑也无济于事，未发生的根本无法预测，徒增烦恼而已。你得知道，生活不是高速公路，不会一路畅通。人生注定要负重登山，攀高峰，陷低谷，处逆境，一波三折是人生的必然。我们不可能苦一辈子，但总要苦一阵子，忍着忍着就面对了，挺着挺着就承受了，走着走着就过去了。

其实，上帝是很公平的，他会给予每个人实现梦想的权利，关键看你如何去选择。琐事缠身、压力太大——这些都不应该是我们放弃梦想的理由，在身残志坚的人面前这会让你抬不起头。要知道，幸福感并不取决于物质的多寡，而在于心灵是否贫穷。你的心坚强，世界也会坚强。

你是胡萝卜、鸡蛋、还是咖啡豆

一个女孩整天抱怨她的生活，抱怨事事都那么艰难，她不知该如何应对生活，想要自暴自弃了。她已经厌倦抗争和奋斗，好像一个问题刚解决，新的问题就出现了。

她的父亲是位老厨师，他把她带进厨房。他先往3只锅里倒入一些水，然后放在旺火上烧。不久锅里的水烧开了。他往一只锅里放些胡萝卜，第二只锅里放入鸡蛋，最后一只锅放入碾成粉状的咖啡豆。他将它们浸入开水中煮，一句话也没有说。

女儿撇着嘴，不耐烦地等待着，纳闷父亲在做什么。大约15分钟后，他把火关闭了，把胡萝卜捞出来放入一个碗内，把鸡蛋捞出来放入另一个碗内，然后又把咖啡倒入一个杯子里。做完这些后，他才转过身问女儿："我的女儿，你看见什么了？""胡萝卜、鸡蛋、咖啡。"她回答。

他让她靠近些并让她用手摸摸胡萝卜。她摸了摸，注意到它们变软了。父亲又让女儿拿起鸡蛋并打破它。将壳剥掉后，她看到的是只煮熟的鸡蛋。最后他让她喝咖啡。品尝到香浓的咖啡，女儿笑了。她低声问道："父亲，这意味着什么？"

　　他解释说，这三样东西面临同样的逆境——煮沸的开水，但其反应各不相同。胡萝卜入锅之前是强壮的、结实的，毫不示弱，但进入开水后，它变软了、变弱了。鸡蛋原来是易碎的，它薄薄的外壳保护着它液体的内脏。但是经开水一煮，它的内脏变硬了。而粉状咖啡豆则很独特，进入沸水后，它倒改变了水。"哪个是你呢？"他问女儿，"当逆境找上门的时候，你该如何选择呢？你是胡萝卜，是鸡蛋，还是咖啡豆？"那么，你呢？你是看似强硬，但遭遇痛苦和逆境后畏缩了，变软弱了，失去力量的胡萝卜吗？你是内心原本可塑的鸡蛋吗？你是个性情不定的人，但是经历死亡、分手、离异，或失业，是不是变得坚硬了，变得倔强了？你的外壳看似与从前一样，但是你是不是因有了坚强的性格和内心而变得顽强、坚忍了？或者你像是咖啡豆吗？努力改变了给它带来痛苦的开水，并在它达到高温时让它散发出最佳味道。水最烫时，它的味道更好了。如果你像咖啡豆，你会在情况最糟糕时，变得有出息了，并使周围的情况改变好了。问问自己是如何选择的。你是胡萝卜，是鸡蛋，还是咖啡豆？

　　遇到逆境时，请别忘记你还有选择的权利，是征服逆境还是被逆境征服全在你的一念之间。

无论命运多么灰暗，快乐依然可以自己主宰

　　苦难与烦恼，就像三伏天的雷雨，往往不期而至，突然飘过来就将我们

的生活淋湿，你躲都无处可躲。就这样，我们被淋湿在没有桥的岸边，四周是无尽的黑暗，没有灯火、没有明月，甚至你都感受不到生命的气息。你陷入了深深的恐惧，以为自己进入了人间炼狱，唯唯诺诺不敢动弹。这样的人，或许一辈子都要留在没有桥的岸边，或者是退回到起步的原点，也许他们自己都觉得自己很没有出息。

请记住这句话：无论命运多么灰暗，无论人生有多少颠簸，都会有摆渡的船，这只船就在我们手中！每一个有灵性的生命都有心结，心结是自己结的，也只有自己能解，而生命就在一个又一个的心结中成熟，然后再生。

一个成熟的人应该掌握自己快乐的钥匙，切莫期待别人给予自己快乐，反而将快乐带给别人。其实，每个人心中都有一把快乐的钥匙，只是大多时候，人们将它交给了别人来掌管。

譬如有些女士说："我活得很不快乐，因为老公经常因为工作忽略我。"她把快乐的钥匙放在了老公手里；

一位母亲说："儿子没有好工作，老大不小也娶不上个媳妇，我很难过。"她把快乐的钥匙交在了子女手中；

一位婆婆说："儿媳不孝顺，可怜我多年守寡，含辛茹苦将儿子带大，我真命苦。"

一位先生说："老板有眼无珠，埋没了我，真让我失落。"

一个年轻人从饭店走出来说："这家店的服务态度真差，气死我了！"

……

这些人都把自己快乐的钥匙交给了别人掌管，他们让别人控制了自己的心情。

当我们容忍别人掌控自己的情绪时，我们便把自己定位成了受害者，这种消极设定会使我们对现状感到无能为力，于是怨天尤人成了我们最直接的反应。接下来，我们开始怪罪他人，因为消极的想法告诉我们：之所以这样痛苦，都是"他"造成的！所以我们要别人为我们的痛苦负责，即要求别人使我们快乐。这种人生是受人摆布的，可怜而又可悲。

我们要重新掌控自己的人生，拿回自己快乐的钥匙。

二战时期，在纳粹集中营里，有一个叫玛莎的小女孩写过一首诗：

"这些天我一定要节省，我没有钱可节省，我一定要节省健康和力量，足够支持我很长时间。我一定要节省我的神经、我的思想、我的心灵、我精神的火。我一定要节省流下的泪水，我需要它们很长时间。我一定要节省忍耐，在这些风雪肆虐的日子，情感的温暖和一颗善良的心，这些东西我都缺少。这些我一定要节省。这一切是上帝的礼物，我希望保存。我将多么悲伤，倘若我很快就失去了它们。"

在生命遭受到威胁的时刻，这个叫玛莎的小女孩仍然通过积极的暗示给灵魂取暖。她不怨天尤人，而是将希望之光一点点聚敛在心里，或许生命中有限的时间少了，但心中的光却多了。那些看似微弱的光，足以照亮她所处的阴暗角落。

纵使生命都不能掌控，但快乐依然可以由我们自己来主宰，这就是积极的力量。

如果你处在寒冷的冬季，那么就去想象春天的生机，因为冬天来了，春天还会远吗？

如果你遭逢风雨，就去想象射穿乌云的太阳，因为它会带来彩虹的绚丽。

就算人生遇到了巨变，只要你去做快乐的想象，你就可以把苦涩的泪水留给昨日，用幸福的微笑迎接未来。

以我观物，万物皆着我之色彩。快乐的源泉是自己，而非他人！你想要快乐，就能制造快乐；你放弃快乐，就只能继续痛苦。以积极的心态去想你的家人、你的朋友、你的工作，包括你自己，以感恩的心去对待生活，这样是不是快乐会多一点，痛苦会少一点呢？

其实，快乐并不在远方，它就在你身旁，你可以自主选择快乐，而快乐也很愿意自动留下来。

认识一位朋友，他练习瑜伽冥想多年。

那天问他："你每天笑得跟个天真的孩子似的，你的快乐是发自内心的，还是装给那些学生看的？如果是真的话，你是怎么做到的呢？"

他的回答是："我的快乐绝对是真实的。到了我们这个年纪，该经历的苦与乐都经历得差不多了。我的快乐源于一种感悟，总结起来就三个字'不干涉'。不让别人干涉你的情绪，你也别干涉自己的情绪。我给你解释一下：我们只要活着就会遇到一些人，有好人也有坏人；就会产生一些情绪，正面的、负面的都有，快乐或者不快乐。我们不要太受影响，不要让这些干涉你，你也不要去干涉这些情绪。人的本性是真善美，当你让那些好的、不好的情绪自己离开时，你就会发现，留下来的都是那些好的感觉，人就会积极，快乐。"

排除别人的干扰，也不去干扰这个世界，让那些正能量、负能量自然而然地离开，我们就会开始接纳我们自己，领略内心的满足和快乐。我们也就握住了快乐的钥匙。

推开不一样的那扇窗

人生的旅途中，我们要面临很多事情，打开不一样的窗，就会看到不一样的风景，拥有不一样的心境，走向不一样的人生。如果一不小心，你推开的是那扇"让人不愉快的窗"，请马上关上它，并试着推开另一扇窗。

人生路上，我们常会开错"窗"，并且又执拗地深陷其中无法自拔，因而错过了另外一路好风景。

一架客机在飞行中出现故障，所有乘客大惊失色，有的不断祷告，有的痛哭咒骂，只有一个老太太神态自若。很幸运，不久之后，飞机故障排除了。事后，机长好奇地问老太太："您为什么可以如此镇静？"老太太说："飞机故障排除，我就可以去看我的小女儿；万一失事，我就可以见到我的大女儿了，她已在 10 年前去了天堂。"

老太太之所以拥有如此豁达的心境，是因为她开对了人生的窗。

其实，一个人生命中的得与失，总是守恒的。我们在一个地方失去，就一定会在另一个地方找回来。任何不幸、失败与损失，都有可能成为我们的有利因素。生活也真的很公平，它可以将一个人的志气磨尽，也能让一个人出类拔萃，就看你拥有怎样的一份心态。

一名警察有着超人的听力，可以辨别不同时间、环境中发出声音的细微差异，比如能凭借窃听器里传来的嘈杂的汽车引擎声，判断犯罪嫌疑人驾驶的是一辆标致、本田还是奔驰。他还会说 7 国语言。这些非凡的能力，使他成为警局中对抗恐怖主义和有组织犯罪的珍贵人才。

可谁能想到，这位超级英雄手里握的不是一支枪，而是一支盲人手杖。

他叫夏查·范洛，是比利时警察局的一名盲人警察。

他曾一度在失明的痛苦和恐惧中沉沦。直至 17 岁那一年，他的人生获得了新生的力量。

有一天，他因判断失误，撞上了一辆响着铃的自行车。他愤恨，怪对方说自己是盲人，他觉得对方是故意撞倒他的，而对方留下了一句不经意却让他铭刻在心的话。

那人说，铃按得那么响，眼睛看不见，不会用耳朵听吗！

呆立了好半晌，范洛才回过神来——终于，他想到了自己的耳朵。

现在，范洛再不忌讳别人说自己是盲人。他常说："正因为我看不见，我才会听到别人无法听到的声音！"

"眼睛看不见，不会用耳朵听吗？"多么简单而精辟的哲理！上苍真的很公平，命运在向范洛关闭一扇门的同时，又为他开启了另一扇门……

有太多太多的人被某一天、某一刻、某一件事改变了人生，生命的车轮折向了他们不想去的地方。他们慨叹失去，慨叹不公，把自己封闭在了自己设定的暗盒中。但是，不能让精神世界的匮乏伴随自己走过余生！看看那些抓住"光明"反转命运的人们吧——有一些失去何尝不是人生另一段成功旅途的起点！

世上的任何事物都是多面的，不要只是盯着其中一个侧面，这个侧面让人痛苦，但痛苦大多可以转化。有一个成语叫作"蚌病成珠"，这是对生活最贴切的比喻。蚌因体内嵌入沙粒而痛苦，伤口的刺激使它不断分泌物质疗伤，待到伤口复合时，患处就会出现一粒晶莹的珍珠。试想，哪粒珍珠不是由痛苦孕育而成的呢？当你正经历风雨之时，想想风雨过后那明媚的阳光，想想那绚丽的彩虹，你是不是应该开心呢？

把药裹进糖里，就会好些

有人说：人之所以哭着来到这个世界，是因为他们知道，从这一刻起便要开始经受苦难。这话说得挺有哲理。可是，人的一生不能在哭泣中度过，发泄过后你是不是要思考一下：怎样才能让我们的人生走出困境，焕发出绚丽的色彩，让自己在生命的最后一刹那能够笑着离开？这需要的是一种积极的心态。

在今天这种激烈的角逐面前，就算曾经在某一领域无往不利、叱咤风云的人物也难免惊慌失措，做出错误的判断。失败只是人生的一种常态，不同的是，有些人在困境面前能够不受客观环境影响，不仅没有被击倒，反而将人生推上了更高的层次；有些人则很容易萎靡不振，把人生带入深渊。逆境，就是一种优胜劣汰。

前者甚至可以被撕碎，但不会被击倒。他们心中有一种光，那是任何外在不利因素都无法扑灭的、对于人生的追求和对未来的向往；将后者击倒的不是别人，而是他们自己，是他们的思想中没有了信念，熄灭了心中的光。

心中有光，就会有信念，就会有力量！

曾见过这样一位母亲，她没有什么文化，只认识一些简单的文字，会一些初级的算术，但她教育孩子的方法着实令人称赞。

她家的瓶瓶罐罐总是装着不多的白糖、红糖、冰糖，那时候孩子还小，每每生病一脸痛苦，她都会笑眯眯地和些白糖在药里，或者用麻纸把药裹进糖里，在瓷缸里放上一刻，然后拿出来。那些让小孩子望而生畏的药片经这位母亲那么一和一裹，给人的感觉就不一样了，在小孩子看来就充满诱惑，就连没病的孩子都想吃上一口。

在孩子们的眼中，母亲俨然就是高明的魔术师，能够把苦的东西变成甜的，把可怕的东西变成喜欢的。

"儿啊，尽管药是苦的，但你咽不下去的时候，把它裹进糖里，就会好些。"这是一位朴实的家庭妇女感悟出的生活哲理。她没有文化，但却很懂生活。

这是一种"减法思维"，减去了药的苦涩，就不会难以下咽。如今，她的孩子都已长大成人，也都有了自己的家庭，但每当情绪低落的时候，就会想起母亲说的那句话：把药裹进糖里。

她只是个普通的家庭妇女，在物质上无法给予子女大量的支持，但带给他们的精神财富却足以令其享用一生。她灌输给子女的是一种苦尽甘来的信仰，把生活的苦包进对美好未来的想象之中，就能冲淡痛苦；心中有光，在沉重的日子里以积极的心态去思考，就能够改变境况。

不知大家有没有读过三毛的《撒哈拉的故事》，那里充满了苦中作乐的情趣，领略过后，恐怕你听到那些憧憬旅行、爱好漂泊的人说自己没有读过"三毛"，都会觉得不可思议。

这本书含序，一共14个篇章，用妈妈温暖的信启程，以白手成家的自述结尾。在撒哈拉，环境非常之恶劣，三毛活在一群思维生活都原始的沙哈拉威人之中，资源匮乏又昂贵，但她却颇懂得做快乐的思考。尽管生活中有诸多的不如意，但只要有闪光点，她就会将其想象成诙谐幽默的故事，然后娓娓道来，引人入胜。

在序里，三毛母亲写道："自读完了你的《白手成家》后，我泪流满面，心如绞痛，孩子，你从来都没有告诉父母，你所受的苦难和物质上的缺乏，体力上的透支，影响你的健康，你时时都在病中。你把这个僻远荒凉、简陋的小屋，布置成你们的王国（都是废物利用），我十分相信，你确有此能耐。"

毫无疑问，三毛以及那位普通的母亲，都是对生活颇有感悟的人。其实生活就是一种对立的存在，没有苦就无所谓甜，如果我们都懂得在不如意的日子里给痛苦的心情加点糖，就没有什么过不去的事情。

其实我们完全可以把人生当成一个"吃药"的过程：在追求目标的岁月里，我们不可避免地会"感染伤病"，你可以把药直接吃下去，也可以把它裹进糖里，尽管方式有所不同，但只有一个共同的目的：尽快尽早地治愈病伤，实现苦苦追求的目标。将药裹进糖里减轻了苦痛的程度，在生命力不济之时不妨试试这个方法。

生活，十分精彩，却一定会有八九分不同程度的苦，作为成熟的人，应该懂得苦中作乐。痛苦是一种现实，快乐是一种态度，在残酷的现实面前常做快乐的想象，便是人生的成熟。世界不完美，人心有亲疏，岂能处处如你所愿？让自己站得高一点，看得远一点，赤橙黄绿青蓝紫，七彩人生，各不相同；酸甜苦辣咸，五种滋味，一应俱全；喜怒哀乐悲惊恐，七种情感，品之不尽。成熟，就是阅尽千帆，等闲沧桑，苦并快乐着。

人生无常，心安即是归处

人们害怕无常，不喜欢无常带来的负面改变。但是，任何现象都是一体两面的，有白天就有黑夜，有好就有坏，有对就有错，有生就有死，有天堂也有地狱，因此不必害怕无常，反而要勇敢地接受无常，迎接它令人欢喜的一面，也接受它使人痛苦的另一面。

有一位妇人，她只生了一个儿子，因此，她对这唯一的孩子百般呵护，特别关爱。可是，天有不测风云，妇人的独生子不幸染上恶疾，虽然妇人尽其所能邀请各方名医来给她的儿子看病，但医师们诊视以后都相继摇头叹息，束手无策。不久，妇人的独生子就离开了人世。

这突然而至的打击就像晴天霹雳，让妇人伤透了心。她天天守在儿子的坟前，夜以继日地哀伤哭泣。她形若槁木，面如死灰，悲伤地喃喃自语："在这个世间，儿子是我唯一的亲人，现在他竟然舍下了我先走了，留下我孤苦伶仃地活着，有什么意思啊？今后我要依靠谁啊？我活着还有什么意义呢？"

妇人决定不再离开坟前一步，她要和自己心爱的儿子死在一起！四天、五天过去了，妇人一粒米也没有吃，她哀伤地守在坟前哭泣，爱子就此永别的事实如锥刺心，实在是让妇人痛不欲生啊！

这时，远方的神观察到这个情形，就前往墓冢。她迎上前去，向神五体投地行礼。神慈祥地望着她，缓缓地问道："你为什么一个人孤单地在这墓冢之间呢？"妇人忍住悲痛回答："伟大的神啊！我唯一的儿子带着我一生的希望走了，他走了，我活下去的勇气也随着他走了！"神听了妇人哀痛的叙述，便问道："你想让你的儿子死而复生吗？""那是我的希望！"妇人仿佛是水中的溺者抓到浮木一般。

"只要你点着上好的香来到这里，我便能使你的儿子复活。"神接着嘱咐，"但是，记住！这上好的香要用家中从来没有死过人的人家的火来点燃。"

妇人听了，二话不说，赶紧准备上好的香，拿着香立刻去寻找从来没有死过人的人家的火。她见人就问："您家中是否从来没有人过世呢？""家父前不久刚往生。""妹妹一个月前走了。""家中祖先乃至于与我同辈的兄弟姊妹都一个接着一个过世了。"妇人始终不死心，然而，问遍了村里的人家，没有一家是没死过人的。她找不到这种火来点香，失望地走回坟前，向神说："我走遍了整个村落，每一家都有家人去世，没有家里不死人的啊……"

生命每时每刻都在不停地消逝，然而能洞察到这一点的人却不多，洞察到能够超越的人更是微乎其微。通常，人们总是沉浸在种种短暂幻化泡沫式的欢乐中，不愿意正视这些。然而，无常本就是生命存在的痛苦事实，故生命从来就没有停止流逝。

然而生命的流逝乃至消失，又是必须面对的事实。逃避是不可能的，也无法逃避。无常的真理在事物中无时无刻不在现身说法，依恋的亲人突然间死去，熟悉的环境时有变迁，周围的人物也时有更换。享受只是暂时，拥有无法永恒。

秦皇汉武、唐宗宋祖，而今都已不在。人世间的荣耀与悲哀，到最后统统埋在土里，化作寒灰。他们活着的时候，南征北战，叱咤风云，风流占尽，转眼间失意悲伤，仰天长啸，感叹人世，瞑目长逝了，也都化成一捧寒灰。一个人生前倘能冷静地反省，一定会明晓生活在世界上是大可不必吵闹不休的。"闲云潭影空悠悠，物换星移几度秋？阁中帝子今何在？槛外长江空自流"。

春该常在，花应常开，而春来了又去了，了无踪迹；花开了又落了，花瓣也被夜里的风雨击得粉碎，混同泥尘，流得不知去处。

的确，人们每提起"人生无常"这个观念，大多认为意义是负面的，但我们是否曾从相反的角度来考虑问题——若没有无常的存在，花儿永远不会开放，始终保持含苞的姿态，那大自然不是太无趣了吗？大自然中，当花草树木的种子悄悄地掉落大地，无常就开始包围着它们，让阳光、土和水来滋养和改变它们。不消多久，植物的种子开始生根、发芽、长叶、开花和结果，让人们惊异于生命的可贵，这是无常带来的改变，这种改变是一种喜悦。

人生的无常，为我们带来了种种经历，一份经历的洗礼，预示着多一份稳重、多一份淡定，这何尝不是好事？人生本无常，世事最难料，从容面对才是真！

谁还在对过去
念念不忘

不管过去发生了什么，不愉快的，忘了它，一切重新开始。不要老是拿着以前的那些点点滴滴来说事，过去不重要，重要的是现在，现在过得好才是真的好。

来世不可待，往事不可追

史威福说："没有人活在现在，大家都活着为其他时间做准备。"所谓"活在现在"，就是指活在今天，今天应该好好地生活。这其实并不是一件很难的事，我们都可以轻易做到。

程海林是某校一名普通的学生。她曾经沉浸在考入重点大学的喜悦中，但好景不长，大一开学才两个月，她已经对自己失去了信心，连续两次与同学闹别扭，功课也不能令她满意，她对自己失望透了。

她自认为是一个坚强的女孩，很少有被吓倒的时候，但她没想到大学开学才两个月，自己就对大学四年的生活失去了信心。她曾经安慰过自己，也无数次试着让自己抱以希望，但换来的却只是一次又一次的失望。

以前在中学时，几乎所有老师跟她的关系都很好，很喜欢她，她的学习状态也很好，学什么像什么，身边还有一群朋友，那时她感觉自己像个明星似的。但是进入大学后，一切都变了，人与人的隔阂是那样的明显，自己的学习成绩又如此糟糕。现在的她很无助，她常常这样想："我并没比别人少付出，甚至比别人更加努力，为什么别人能做到的，我却不能呢？"她觉得明天已经没有希望了，她想难道 12 年的拼搏奋斗注定是一场空吗？那这样对自己来说太不公平了。

进入一个新的学校，新生往往会不自觉地与以前相对比，而当困难和挫折发生时，产生"回归心理"更是一种普遍的心理状态。海林在新学校中缺少安全感，不管是与人相处方面，还是自尊、自信方面，这使她长期处于一种怀旧、留恋过去的心理状态中，如果不去正视目前的困境，就会更加难以适应新的生活环境、建立新的自信。

不能尽快适应新环境，就会导致过分的怀旧。一些人在人际交往中只能做到"不忘老朋友"，但难以做到"结识新朋友"，个人的交际圈也大大缩小。此类过分的怀旧情结将阻碍着你去适应新的环境，使你很难与时代同步。回忆是属于过去的岁月的，一个人应该不断进步。我们要试着走出过去的回忆，不管它是悲还是喜，不能让回忆干扰我们今天的生活。

一个人适当怀旧是正常的，也是必要的，但是因为怀旧而否定现在和将来，就会陷入病态。不要总是表现出对现状很不满意的样子，更不要因此过于沉溺在对过去的追忆中。当你不厌其烦地重复述说往事，述说着过去如何如何时，你可能忽略了今天正在经历的体验。把过多的时间放在追忆上，会或多或少地影响你的正常生活。

我们需要做的是尽情地享受现在。过去再美好抑或再悲伤，那毕竟已经因为岁月的流逝而沉淀。如果你总是因为昨天而错过今天，那么在不远的将来，你又会回忆着今天的错过。在这样的恶性循环中，你永远是一个迟到的人。

隆萨乐尔曾经说过："不是时间流逝，而是我们流逝。"不是吗，在已逝的岁月里，我们毫无抗拒地让生命在时间里一点一滴地流逝，却做出了分秒必争的滑稽模样。

有诗云："少年易学老难成，一寸光阴不可轻。未觉池塘春草梦，阶前梧叶已秋声。""世界上最宝贵的就是'今'，最容易丧失的也是'今'，因为它最容易丧失，所以更觉得它宝贵。"所以，过去的已然过去，就不要一直把它放在心上。

最伤人的是记忆

很多时候，折磨人的并不是事情本身，而是我们留下的不良记忆。糟糕的事情过去了，也就没了，而记忆却残留在了我们的脑海之中。事情本身带来的伤痛，按理说应该随着事情的结束而淡化，可记忆却让它一次又一次地重演。事情过了就不再重复，而记忆却在我们的心里来来去去。事情本身只会让我们心痛一次，可记忆却让我们一次又一次地心痛，甚至是一次又一次地落泪。

很多人就是这样，过去了，却依旧不能翻篇，他们的记忆似乎永远不能结束，心结似乎永远解不开。人多的时候，可能还有笑容，可是一旦一个人独处，往日的一幕一幕便涌上心头，于是孤独了、寂寞了、害怕了、伤心了、脆弱了……我们觉得这是事情带给我们的伤害，可事实上这完全是拜记忆所赐，是记忆把我们受到伤害的过程一次次地在脑海中重播，折磨着我们的心，让它反复地痛着……所以说，事情的本身并不伤人，最伤人的是记忆。

其实，自我们出生的那一刻起，上天便赐给了我们很多宝贵的礼物，这其中之一就是遗忘。不过，我们总是看不到它的珍贵，往往总是在过度地强调记忆，却忽略了遗忘对于我们的重要性。

人的记忆对人本身是一种馈赠，同时也是一种惩罚，心胸宽阔的人，用它来馈赠自己，心胸狭窄的人则用它惩罚自己。

人的本性中有一种叫作记忆的东西，美好的容易记着，不好的则更容易记着。所以大多数人都会觉得自己不是很快乐。那些觉得自己很快乐的人是因为他们恰恰把快乐记着，而把不快乐忘记了。这种忘记的能力就是一种宽容，一种心胸的博大。生活中，常常会有许多事让我们心里难受。那些不快的记忆常常让我们觉得如鲠在喉。而且，我们越是想，越会觉得难受，那就不如选择把心放得宽阔一点，选择忘记那些不快的记忆，这是对别人，也是对自己的宽容。

拿掉别人脖子上的枷锁，就是等于给自己恢复自由身，尤其是在爱情的"事故"里。

一位美国朋友带着即将读大学的孩子去欧洲旅行，因为那里留有他青春的痕迹，旧地重游，很是亲切，还有一缕说不出的伤感，因为曾失却的爱就在这里。

和儿子进入大学城内的餐厅用餐，才刚坐下，父亲即面露惊讶神色。原来，这家餐厅的老板娘竟是当年他在此求学时追求的对象。

20多年岁月变更，当年的粉面桃花早已不再。父亲告诉儿子说，她是一家酒吧主人的千金，她的笑容与气质深深地吸引着他。虽然女孩父亲反对他们往来，但两颗热恋的心早已融化所有的障碍，他们决定私奔。

这位美国朋友托友人转交一封信给女孩，约定私奔的日期和去向。很遗憾，他等了一天，却没看到女孩出现，只看见满天嘲弄的星辰，怀抱琴弦，却弹奏失望。他只好带着一张毕业证书回到美国。

儿子听得如痴如醉。突然，他问父亲，当年他在信上如何注明日期。因为美国表示日期的方式是先写月份，后写日期；而欧洲是先写日期，再写月份。

父亲恍然大悟，原来自己约定的日期 10 月 11 日，女孩却是欧洲的读法，判断为 11 月 10 日。一个月的时序误会，因而错失一段美好的姻缘。

20 多年来，他一直想用恨来冲淡想念。二十多年来，那女孩呢？她一定也在恨那个"薄情郎"。这位年近 50 岁的美国朋友很想走过去，告诉老板娘：我们都错了，只为一个日期的误读，不为爱情。

两个对的人，却在错的时候，爱上一回。

最终，这位父亲没有站出来揭开谜底，只是默默地买单，然后轻松地回家。因为他在心中已经彻底地为一个爱情故事中的无辜女主角昭雪。

把相恋时的狂喜化成披着丧衣的白蝴蝶，让它在记忆里翩飞远去，永不复返，净化心湖，与绝情无关。唯有淡忘，才能在大悲大喜之后炼成牵动人心的平和；唯有遗忘，才能在绚烂已极之后修炼出处变不惊的恬然。

每个人都希望自己能如孩提时那般无忧无虑。那么我们就要像孩子一样善于淡忘——淡忘那些该淡忘的人、事、物。学会了淡忘，你就拥有了一把能够斩断坏心绪的利刃。

改过必生智慧，护短心内非贤

想要让自己的心欢喜一些，那么，就请设法忘记那些因一时过错而带来的不幸和伤害。《坛经》上说"改过必生智慧，护短心内非贤"，意思有两个，一个是说知错能改善莫大焉，另一个就是让人们不要总停留在过去，过去的成功也罢，失败也好，都不能代表现在和未来。唐代文学家、哲学家柳宗元对于禅学一道也颇有研究，他所作的《禅堂》一诗就隐含着深刻禅理：

万籁俱缘生，杳然喧中寂。
心境本同如，鸟飞无遗迹。

这首诗是柳宗元被贬之后所作的，前两句诗的意思是，大自然的一切声响都是由因缘而生，那么，透过因缘，能够看到本体；在喧闹中，也能够感受到静寂。后两句意思是说，心空如洞，更无一物，所以就能不被物所染，飞鸟（指外物）掠过，也不会留下痕迹。

可以说人的一生由无数的片段组成，而这些片段可以是连续的，也可以是风马牛毫无关联的。说人生是连续的片段，无非是人的一生平平淡淡、无波无澜，周而复始地过着循环往复的日子；说人生是不相干的片段，因为人生的每一次经历都属于过去，在下一秒我们可以重新开始，可以忘掉过去的不幸、忘掉过去不如意的自己。

在雨果不朽的名著《悲惨世界》里，主人公冉·阿让本是一个勤劳、正直、善良的人，但穷困潦倒，度日艰难。为了不让家人挨饿，迫于无奈，他偷了一个面包，被当场抓获，判定为"贼"，锒铛入狱。

出狱后，他到处找不到工作，饱受世俗的冷落与耻笑。从此他真的成了一个贼，顺手牵羊，偷鸡摸狗。警察一直都在追踪他，想方设法要拿到他犯罪的证据，以把他再次送进监狱，他却一次又一次逃脱了。

在一个风雪交加的夜晚，他饥寒交迫，昏倒在路上，被一个好心的神父救起。神父把他带回教堂，但他却在神父睡着后，把神父房间里的所有银器席卷一空。因为他已认定自己是坏人，就应干坏事。不料，在逃跑途中，被警察逮个正着，这次可谓人赃俱获。

当警察押着冉·阿让到教堂，让神父辨认失窃物品时，冉·阿让绝望地想："完了，这一辈子只能在监狱里度过了！"谁知神父却温和地对警察说："这些银器是我送给他的。他走得太急，还有一件更名贵的银烛台忘了拿，我这就去取来！"

冉·阿让的心灵受到了巨大的震撼。警察走后，神父对冉·阿让说："过去的就让它过去，重新开始吧！"

从此，冉·阿让洗心革面，重新做人。他搬到一个新地方，努力工作，积极上进。后来，他成功了，毕生都在救济穷人，做了大量对社会有益的事情。

毫无疑问，冉·阿让正是由于摆脱了过去的束缚，才能重新开始生活、重新定位自己。我们常说，"好汉不提当年勇"，同样，聪明人也不应该常忆当年的伤。将失意放在心上，它就会成为一种负担，容易让我们形成一种思维定势，结果往往令人依旧沉沦其中，甚至是走向堕落。

或许，我们之中有很多人都明白这一点，只是我们很容易将欢乐忘却，但对哀愁却情有独钟，这显然是对遗忘哀愁的一种抗拒。换而言之，我们习惯于淡忘生命中美好的一切，而对于痛苦的记忆，却总是铭记在心。难道真是因为痛苦会令我们记忆深刻吗？当然不是，这完全是出于我们对过去的执着。其实，昨日已成过去时，昨日的辉煌与痛苦，都已成为过眼云烟，我们何必还要死死守着不放？如果能倒掉昨日的那杯茶，我们的人生才能洋溢出新的茶香。

终日想着那些不幸的经历和已经错误的路途，只会加剧我们自身的伤痛，也只会让我们对未来的看法越来越黑暗，心也越来越焦虑。忘掉它们，把那些痛苦的过往从记忆中逐出，就像把一个盗贼从自己家逐出一样。应当从记忆中抹去一切使我们焦虑、痛苦的事情，只有把这些放下了、忘记了，我们才能重新开始一种人生，所以，对于那些不幸的经历，唯一值得去做的，就是彻底将它们埋葬。

包袱和人到底孰轻孰重

人生的成或败、乐或悲，有相当一部分取决于自己的心态。一个人心里想着快乐的事情，他就会变得快乐；心里想着伤心的事情，心情就会变得灰暗。那么，我们为何不放下烦恼，让自己活得更加快乐呢？

著名哲学家周国平写过一个寓言。

有一位少妇忍受不住人生苦难，遂选择投河自尽。恰逢此时，一位老艄公划船经过，二话不说便将她救上了船。

艄公不解地问道："你年纪轻轻，正是人生当年时，又生得花容月貌，为何偏要如此轻贱自己，要寻短见？"

少妇哭诉道："我结婚至今才两年时间，丈夫就有了外遇，并最终遗弃了我。前不久，一直与我相依为命的孩子又身患重病，最终不治而亡。老天待我如此不公，让我失去了一切，你说，现在我活着还有什么意思？"

艄公又问道："那么，两年以前你又是怎么过的？"

少妇回答："那时候自由自在，无忧无虑，根本没有生活的苦恼。"她回忆起两年前的生活，嘴角不禁露出了一抹微笑。

"那时候你有丈夫和孩子吗？"艄公继续问道。

"当然没有。"

"那么，你不过是被命运之船送回了两年前，现在你又自由自在，无忧无虑了。请上岸吧！"

少妇听了艄公的话，心中顿时敞亮许多，于是告别艄公，回到岸上，看着艄公摇船而去，仿佛如做了个梦一般。从此，她再也没有产生过轻生的念头。

无论是快乐抑或是痛苦，过去的终归要过去，强行将自己困在回忆之中，只会让你倍感痛苦！无论明天会怎样，未来终会到来，若想明天活得更好，你就必须以积极的心态去迎接它！你要认识到，即便曾经一败涂地，也不过是被生活送回到了原点而已。

其实，每个人的一生都是在不断地得失中度过的，我们的不如意和不顺心，其实都与在得失之间的心理调适做得不够有关系。人生如白驹过隙，如果我们在得失之间执迷不悟，是否太亏欠这似水年华呢？学会舍得，学会洒脱，你的人生才会有属于自己的精彩。

北宋末年，金兵大举入侵中原，宋朝百姓纷纷离开家乡，以避战乱。一伙百姓仓皇逃到河边，他们丢下了身上所有的重物，包括贵重的物件，拥挤着登上了仅有的一条渡船，船家正要开船，岸边又赶来了一人。

来人不停地挥手、叫喊，苦苦恳求船家把他也带上。船家回答道："我这条船已经载了很多人，马上就要超载了，你要是想上船过岸，就必须把身上的大包袱统统扔掉，否则船会被压沉的。"

那人迟疑不决，包袱里可是他的全部家当。

船家有些不耐烦，催促道："快扔掉吧！这一船人谁都有舍不得的东西，可他们都扔掉了。如果不扔，船早就被压沉了。"

那人还在犹豫，船家又说："你想想看，包袱和人到底孰轻孰重？是这一船人的性命重要，还是你的包袱重要？你总不能让一船人都因为你的包袱惶恐不安吧！"

要知道，包袱虽然只属于你自己，但它却会令一船人为之担心不已，这其中包括你的父母、你的妻儿、你的朋友……有些时候，纵使放不下也要放，多愁善感、愁肠百结不但会伤害你自己，同时还会伤害那些关心你的人。难道，你真的舍得他们每日为你提心吊胆，看着你郁郁寡欢的样子痛心不已吗？

人的一生，都在不间断地经历时过境迁。适时地遗忘一些经历，不但能给自己带来快乐，还能给家庭带来幸福。有时你要想想，人活着真的不是为了自己，你因过往琐事心思焦虑，难道还要别人也为你同样焦虑吗？

与其日日负疚，何不尽力补救

我们应当吸取过去的经验教训，而绝不能总在阴影下活着。内疚是对错误的反省，是人性中积极的一面，但却属于情绪的消极一面。我们应该分清这二者之间的关系，反省之后迅速行动起来，把消极的一面变积极，让积极的一面更积极。

詹姆斯是一位商人，长年在外经营生意，少有闲时。当有时间与全家人共度周末时，他非常高兴。

他年迈的双亲住的地方，离他的家只有一个小时的路程。詹姆斯也非常清楚自己的父母是多么希望见到他和他的家人。但是他总是寻找借口尽可能不到父母那里去，最后几乎发展到与父母断绝往来的地步。

不久，他的父亲死了，詹姆斯好几个月都陷于内疚之中，回想起父亲曾为自己做过的许多事情。他怨悔自己在父亲有生之年未能尽孝心。在悲痛平定下来后，詹姆斯意识到，再内疚也无法使父亲死而复生。认识到自己的过错之后，他改变了以往的做法，常常带着全家人去看望母亲，并同母亲保持经常的电话联系。

洛菲儿的母亲很早便守寡，她勤奋工作，以便让洛菲儿能穿上好衣服，在城里较好的地区住上令人满意的公寓，能参加夏令营，上名牌私立大学。她为女儿"牺牲"了一切。当洛菲儿大学毕业后，找到了一个薪酬较高的工作。她打算独自搬到一个小型公寓去，公寓离母亲的住处不远，但人们纷纷劝她不要搬，因为母亲为她作出过那么大的牺牲，现在她撇下母亲不管是不对的。洛菲儿认为他们说得对，便同意与母亲住在一起。

后来她喜欢上了一个青年男子，但她母亲不赞成她与他交朋友，她和母亲大吵一番后离家出走了。几天后听人们说母亲因她的离家而终日哭泣，强有力的内疚感再一次作用于洛菲儿。她向母亲让步了。几年后，洛菲儿完全处于她母亲的控制之下。到最终，她又因负疚感造成的压抑毁了自己，并因生活中的每一个失败而责怪自己和自己的母亲。

其实内疚也可以说是人之常情，或许每个人都曾内疚过，我们的生活那么复杂，我们在经历学业、事业以及家庭琐事时，难免会做错事，那么就一定要内疚下去吗？千万不要这样，这是很可怕的事情，它会让你的生活失去绚丽的颜色。退一步说，即便深陷在后悔的自责之中，又有什么用？我们是不是该为自己的过错做点什么，如果你能尽力补救，相信你的心就会好过一些。

其实从另一方面说，内疚或许不完全是坏事，因为它确实可以让人变得更加成熟，也可以让我们在今后的日子中减少痛苦并更有能力去摆脱痛苦。但我们怕的是，因为内疚而"走火入魔"，乃至痛恨自己、厌恶自己，直至厌恶这个世界，但我们却未曾想过，其实这也是一种不负责，是对自己、对亲友，乃至对曾被你伤害过之人的不负责。你这种状态，如何去救赎自己的错误，而倘若你不能自我救赎，那无疑就是错上加错。所以说，大家应该学会释放，不要深陷后悔的自责当中，你应该振奋精神，投身到对错误的补救当中，这才是你当下最该做的事情。

没有一个人是没有过失的，只要有了过失之后勇于去改正，前途依然阳光；但若徒有感伤而不从事切实的补救工作，则是最要不得的！在过错发生之后，要及时走出感伤的阴影，不要长期沉浸在内疚之中无法摆脱，让身心备受折磨，过去的已经过去，再内疚也于事无补，要拾起生活的勇气，昂扬奔向明天。

舍得，让人生更值得

其实生命就如同一次旅行，背负的东西越少，越能发挥自己的潜能。你可以列出清单，决定背包里该装些什么才能帮助你到达目的地。但是，记住，在每一次停泊时都要清理自己的背包，什么该丢，什么该留，把更多的位置空出来，让自己轻松起来。

你一定有过年前大扫除的经历吧。当你一箱又一箱地打包时，一定会很惊讶自己在过去短短一年内，竟然累积了这么多的东西。然后懊悔自己为何事前不花些时间整理，淘汰一些不再需要的东西，如果那么做了，今天就不会累得你连脊背都直不起来。

大扫除的懊恼经验，让很多人懂得一个道理：人一定要随时清扫、淘汰不必要的东西，日后才不会变成沉重的负担。

人生又何尝不是如此！在人生路上，每个人不都是在不断地累积东西？这些东西包括你的名誉、地位、财物、亲情、人际关系、健康等，当然也包括了烦恼、苦闷、挫折、沮丧、压力等。这些东西，有的早该丢弃而未丢弃，有的则是早该储存而未储存。

在人生道路上，我们几乎随时随地都得做自我"清扫"。念书、出国、就业、结婚、离婚、生子、换工作、退休……每一次变动，都迫使我们不得不"丢掉旧我，接纳新我"，把自己重新"扫"一遍。

不过，有时候某些因素也会阻碍我们放手进行扫除。譬如：太忙、太累，或者担心扫完之后，必须面对一个未知的开始，而你又不能确定哪些是你想要的。万一现在丢掉了，将来又捡不回来怎么办？

的确，心灵清扫原本就是一种挣扎与奋斗的过程。不过，你可以告诉自己：每一次清扫，并不表示这就是最后一次。而且，没有人规定你必须一次全部扫干净。你可以每次扫一点，但你至少应该丢弃那些会拖累你的东西。

我们甚至可以为人生做一次归零，清除所有的东西，从零开始。有时候归零是那么难，因为每一个要被清除的数字都代表着某种意义；有时候归零又是那么容易，只要按一下键盘上的删除键就可以了。

年轻的时候，丽思比较贪心，什么都追求最好的，拼了命想抓住每一个机会。有一段时间，她手上同时拥有 13 个广播节目，每天忙得昏天暗地。

事情都是双方面的，所谓有一利必有一弊，事业愈做愈大，压力也愈来愈大。到了后来，丽思发觉拥有更多、更大不是乐趣，反而是一种沉重的负担。她的内心始终有一种强烈的不安全感笼罩着。

1995 年"灾难"发生了，她独资经营的传播公司被恶性倒账四五千万美元，交往了 7 年的男友和她分手……一连串的打击直袭而来，就在极度沮丧的时候，她甚至考虑结束自己的生命。

在面临崩溃之际，她向一位朋友求助："如果我把公司关掉，我不知道我还能做什么？"朋友沉吟片刻后回答："你什么都能做，别忘了，当初我们都是从'零'开始的！"

这句话让她恍然大悟，也让她重新有了勇气："是啊！我本来就是一无所有，既然如此，又有什么好怕的呢？"就这样念头一转，没有想到在短短半个月之内，她连续接到两笔大的业务，濒临倒闭的公司起死回生，又重新走上了正常轨道。

历经这些挫折后，丽思体悟到人生"变化无常"的一面：费尽了力气去强求，虽然勉强得到，但最后还是留不住；反而是一旦"归零"了，随之而来的是更大的能量。

她学会了"舍"。为了简化生活，她谢绝应酬，搬离了 150 平方米大的房子，索性以公司为家，挤在一个 10 平方米不到的空间里，淘汰不必要的家当，只留下一张床、一张小茶几，还有两只作伴的狗儿。

其实，一个人需要的东西非常有限，许多附加的东西只是徒增无谓的负担而已。简单一点，人生反而更踏实。

想要遗忘，并不是像想象中那么容易。遗忘是一种过程，它需要一定的时间来沉淀。只不过，如果连"想要遗忘"的意愿都没有，那么，你只能长期为忧郁、痛苦所折磨。

太阳每天都是新的

相信每一个读过美国作家玛格丽特·米切尔的《飘》的人，都会记得主人公思嘉丽在小说中多次说过的话。在面临生活困境与各种难题的时候，她都会用这句话来安慰自己，"无论如何，明天又是新的一天"，并从中获取巨大的力量。

和小说中思嘉丽颠沛流离的命运一样，我们一生中也会遇到各种各样的困难和挫折。面对这些一时难以解决的问题，逃避和消沉是解决不了问题的，唯有以阳光的心态去迎接，才有可能最终解决。阳光的人每天都拥有一个全新的太阳，积极向上，并能从生活中不断汲取前进的动力。

克瓦罗先生不幸离世了，克瓦罗太太觉得非常颓丧，而且生活瞬间陷入了困境。她写信给以前的老板布莱恩特先生，希望他能让自己回去做以前的老工作。她以前靠推销世界百科全书过活。两年前她丈夫生病的时候，她把汽车卖了。于是她勉强凑足钱，分期付款才买了一部旧车，又开始出去卖书。

她原想，再回去做事或许可以帮她解脱她的颓丧。可是要一个人驾车，一个人吃饭，几乎令她无法忍受。有些区域简直就做不出什么成绩来，虽然分期付款买车的数额不大，却很难付清。

第二年的春天，她在密苏里州的维沙里市，见那儿的学校都很穷，路很料，很难找到客户。她一个人又孤独又沮丧，有一次甚至想要自杀。她觉得成功是不可能的，活着也没有什么希望。每天早上，她都很怕起床面对生活。她什么都怕，怕付不出分期付款的车钱，怕付不出房租，怕没有足够的东西吃，怕她的健康状况变坏而没有钱看医生。让她没有自杀的唯一理由是，她担心她的姐姐会因此而觉得很难过，而且她姐姐也没有足够的钱来支付她的丧葬费用。

然而有一天，她读到一篇文章，使她从消沉中振作起来，使她有勇气继续活下去。她永远感激那篇文章里那一句令人振奋的话："对一个聪明人来说，太阳每天都是新的。"她用打字机把这句话打下来，贴在她的车子前面的挡风玻璃上，这样，在她开车的时候，每一分钟都能看见这句话。她发现每次只活一天并不困难，她学会忘记过去，每天早上都对自己说："今天又是一个新的生命。"她成功地克服了对孤寂的恐惧和她对需要的恐惧。她现在很快活，也还算成功，并对生命抱着热忱和爱。她现在知道，不论在生活上遇到什么事情，都不要害怕；她现在知道，不必怕未来；她现在知道，每次只要活一天，而"对一个聪明人来说，太阳每天都是新的"。

在日常生活中可能会碰到令人兴奋的事情，也同样会碰到令人消极的、悲观的事情，这本来应属正常。如果我们的思维总是围着那些不如意的事情转动的话，也就相当于往下看，那么终究会摔下去的。因此，我们应尽量做到脑海想的、眼睛看的，以及口中说的都应该是光明的、乐观的、积极的，相信每天的太阳都是新的，明天又是新的一天，发扬往上看的精神才能在我们的事业中获得成功。

无论是快乐抑或是痛苦，过去的终归要过去，强行将自己困在回忆之中，只会让你倍感痛苦！无论明天会怎样，未来终会到来，若想明天活得更好，你就必须以积极的心态去迎接它！你要知道，太阳每天都是新的！

不快乐时，寻找快乐

　　很多人不快乐，是因为觉得现在的自己还不配拥有快乐，事实上，快乐给予了每个人相同的机会。不快乐时，去寻找，逗自己快乐，这才是快乐的最高境界，是生活的最大快乐。

有些烦恼只是虚构的

春花秋月，夏风冬雪，皆是人间胜景，令人赏心悦目，心旷神怡。然而世间偏偏有人不能欣赏当下拥有的美好，而是怨春悲秋，厌夏畏冬，或者是夏天里渴望冬日的白雪，而在冬日里又向往夏天的艳阳，永无顺心遂意的时候。这是因为总有"闲事挂心头"，纠缠于琐碎的陈年往事，从而迷失了自我。只要放下一切，欣赏四季独具的情趣和韵味，用敏锐的心去感悟体会，不让烦恼和成见梗住心头，便随时随地可以体悟到"人间好时节"的佳境禅趣。

一个无名僧人苦苦寻觅开悟之道却一无所得。这天他路过酒楼，鞋带开了。就在他整理鞋带的时候，偶然听到楼上歌女吟唱道："你既无心我也休……"刹那之间恍然大悟。于是和尚自称"歌楼和尚"。

"你既无心我也休"，在歌女唱来不过是失意恋人无奈的安慰：你既然对我没有感情，我也就从此不再挂念。虽然唱者无心，但是无妨听者有意。在求道多年未果的和尚听来，"你既无心我也休"却别有滋味。在他看来，所谓"你"意味着无可奈何的内心烦恼，看似汹涌澎湃，实际上却是虚幻不实，根本就是"无心"。既然烦恼是虚幻，那么何必去寻求去除烦恼的方法呢？

只要我们正在经历生活，就免不了会有一些事情占据在心间挥之不去，让我们吃不下、睡不着，然而这些事情却并非那些重要而让我们非装着不可的事情，只是我们忧人自扰罢了。

有一位成功的商人，虽然已经身家千万，但似乎从来不曾轻松过。

他下班回到家里，刚刚踏入餐厅中。餐厅中的家具都是胡桃木做的，十分华丽，有一张大餐桌和六张椅子，但他根本没去注意它们。他在餐桌前坐下来，但心情十分烦躁不安，于是他又站了起来，在房间里走来走去。他心不在焉地敲敲桌面，差点被椅子绊倒。

他的妻子这时候走了进来，在餐桌前坐下。他说声你好，一面用手敲桌面，直到一个仆人把晚餐端上来为止。他很快地把东西一一吞下，他的两只手就像两把铲子，不断把眼前的晚餐一一铲进口中。

吃过晚餐，他立刻起身走进起居室去。起居室装饰得富丽堂皇，意大利真皮大沙发，地板铺着土耳其的手织地毯，墙上挂着名画。他把自己投进一张椅子中，几乎在同一时刻拿起一份报纸。他匆忙地翻了几页，急急瞄了瞄大字标题，然后，把报纸丢到地上，拿起一根雪茄。他一口咬掉雪茄的头部，点燃后吸了两口，便把它放到烟灰缸里。

他不知道自己该怎么办。他突然跳了起来，走到电视机前，打开电视机。等到画面出现时，又很不耐烦地把它关掉。他大步走到客厅的衣架前，抓起他的帽子和外衣，走到屋外散步。他持续这样的动作已有好几百次了。他在事业上虽然十分成功，但却一直未学会如何放松自己。他是位紧张的生意人，并且常常放不下公司里的那些琐碎事情。他没有经济上的问题，他的家是室内装饰师的梦想，他拥有四部汽车，但他却无法放松自己。为了争取成功与地位，他已经付出了自己全部的时间去获取物质上的成就，然而，在他拼命工作、拼命赚钱的过程中，却迷失了自己。

过分地投入生活，就会受到来自诸多方面烦恼的干扰，常常令我们身心疲惫、痛苦不堪。心病还需心药医，只有我们从内心摆脱这些烦恼的束缚、将它们全部抛开，才能让心灵得到真正的轻松。

幸福和快乐原本是精神的产物，期待通过增加物质财富而获得它们，岂不是缘木求鱼？我们为了拥有一辆豪华轿车、一幢豪华别墅而废寝忘食；为了涨一次工资而逆来顺受，日复一日地赔尽笑脸；为了签更多的合同，年复一年日复一日地戴上面具，强颜欢笑……长此以往，我们终将不胜负荷，最后悲怆地倒在医院病床上。此时此刻，我们应该问问自己：金钱真的那么重要吗？有些人的钱只有两样用途：壮年时用来买饭，暮年时用来买药。所以说，人生苦短，不要总是把自己当成赚钱的机器。一生为赚钱而活是何其悲哀！我们活着，若想自在些，就要把钱财看淡些，不要一味地去追求享受。在我们用双手创造财富的同时，不妨多一点休闲的念头，不要忘了自己的业余爱好，不妨每天花点时间与家人一起去看场电影，去散散步，去郊游一次……如果这样，生活将会变得丰富多彩，富有情趣；心灵会变得轻松惬意，自由舒畅；生命会变得活力无限。

乐不在外而在心

对于我们的眼睛，不是缺少美，而是缺少发现。生活里有许许多多的美好、许许多多的快乐，关键在于你能不能发现它。

幸福是一种内心的满足感，是一种难以形容的甜美感受。它与金钱、地位无关，只在于你是否拥有平和的内心、和谐的思想。

一个充满忌妒想法的人是很难体会到幸福的，因为他的不幸和别人的幸福都会使他自己万分难受；一个虚荣心极强的人是很难体会到幸福的，因为他始终在满足别人的感受，从来不考虑真实的自我；一个贪婪的人是很难体会到幸福的，因为他的心灵一直都在追求，而根本不会去感受。

幸福是不能用金钱去购买的，它与单纯的享乐格格不入。比如你正在大学读书，生活相当清苦，但却十分幸福。过来人都知道，同学之间时常小聚，一瓶二锅头、一盘花生米、半斤猪头肉，就会有说有笑，彼此交流读书心得，畅谈理想抱负，那种幸福之感至今仍刻骨铭心，让人心驰神往。昔日的那种幸福，今天无论花多少钱都难以获得。

其实，幸福并不仅仅是某种欲望的满足，有时欲望满足之后，体验到的反而是空虚和无聊，唯有内心没有嫉妒、虚荣和贪婪，才可能体验到真正的幸福。

湖北的一个小县城里，有这样一家人，父母都老了，他们有三个女儿，只有大女儿大学毕业有了工作，其余的两个女儿还都在上高中，家里除了大女儿的生活费可以自理外，其余人的生活压力都落在了父亲肩上。但这一家每个人的感觉都是快乐的。晚饭后，父母一同出去散步，和邻居们拉家常，两个女儿则去学校上自习。到了节日，一家人团聚到一块儿，更是其乐融融。家里时常会传出孩子们的打闹声、笑声，邻居们都羡慕地说：“你们家的几个闺女真听话，学习又好。”这时父母的眼里就满是幸福的笑。其实，在这个家里，经济负担很重，两个女儿马上就要考大学，需要一笔很大的开支。但女儿们却能给父母带来快乐，也很孝敬。父母也为女儿们撑起了一片天空，让她们在飞出家门之前不会感受到任何凄风冷雨。所以，他们每个人都是快乐和幸福的。

古人李渔说得好：“乐不在外而在心，心以为乐，则是境皆乐，心以为苦，则无境不苦。"意思是：一个人是否幸福不在于自己外在情况怎样，而在于内在的想法。如果你有积极的想法，即使是日常小事，你也会从中获得莫大的幸福；倘若你消极思考，那么任何事情都会让你感到痛苦。苏轼也说："月有阴晴圆缺，人有悲欢离合，此事古难全。"既然"古难全"，为什么你不去想一想让自己快乐的事，而去想那些不快乐的事呢？一个人是否感觉幸福，关键在于自己的想法。

如果今天早上你起床时身体健康，没有疾病，那么你比几百万的有病之人更幸运，因为他们中有的甚至看不到下周的太阳了；如果你从未尝试过战争的危险、牢狱的孤独、酷刑的折磨和饥饿的滋味，那么你的处境比其他 5 亿人更好；如果你在银行里有存款，钱包里有票子，盒里有零钱，那么你属于世上 8% 最幸运之人；如果你父母双全，没有离异，且同时满足上面的这些条件，那么你的确是那类很幸运的地球人。

所以，去工作而不要过于以挣钱为目的；去爱而忘记别人对你的不是；去跳舞而不管是否有他人关注；去唱歌而不要想着是否有人在听；去生活就想这世界便是天堂。这样，你就会发现其实你也很幸福！

人人都有自己的乐土

有的人在拥有和享受一些东西的同时，又在羡慕别人所拥有的东西。与此同时，他们忘记珍惜现在拥有的，只一门心思追求自己所没有的，最终的结果往往是疲惫不堪，使自己时刻都陷入嫉妒不平当中。于是烦恼便也随之层出不穷，一生便陷入烦恼编织的网里了。

有这样一对夫妻，他们是大学同学，在学校时是大家公认的金童玉女，毕业后，顺理成章地结成了百年之好。那时，当同学们都在为工作发愁时，男人就已经直接被推荐到一家公司做设计工程师，女人也因此自豪着。

结婚 5 年后，他们要了宝宝，生活步入稳定的轨道，简单平静，十分幸福。然而，一次同学聚会彻底搅乱了女人的心。

那次聚会，男人们都在炫耀着自己的事业，女人们都在攀比着自己的丈夫，站在同学们中间，女人猛然发现，原本那么出众的他们如今却显得如此普通。那些曾经学习和姿色都不如自己的女同学都一身名牌，提着昂贵的手提包，仪态万千，风姿绰约。而那些曾经被老公远远甩在后面，不学无术的男同学，现在居然都是一副春风得意的样子。

回家的路上，女人一直没有说话，男人开玩笑说："那个小子，当初还真小看他了，一个打架当科的小混混，现在居然能混成这样。不过你看他，真的有点小人得志的样子。"

"人家是小人得志，但是人家得志了，你是什么？原地踏步？有什么资格笑话别人？"

男人察觉出了女人的冷嘲热讽，但并未生气："怎么了？后悔了？要是当初跟着他现在也成富婆了是吗？"

一句话激怒了本就不开心的女人："是，我是后悔了，跟着你这个不长进的男人，我才这么的处处不如人。"

男人只当作女人是虚荣心作怪，被今天聚会上那些女同学刺激了，为避免吵起来，便不再作声。

一夜无话，第二天就各自上班了，男人觉得女人也平复了，不再放在心上，可是此后他却发现，女人真的变了，总是时不时地对他讽刺挖苦。

"能在一个公司待那么久，你也太安于现状了吧？"

"干了那么久了，也没什么长进，还不如辞职，出去折腾折腾呢？"

"哎，也不知道现在过的什么日子，想买件像样的衣服，都得寻思半天的价格，谁让咱有个不争气的老公呢！"

在女人的不断督促下，男人终于下决心"折腾折腾"。他买了一辆北京现代，白天上班，晚上拉黑活，以满足女人不断膨胀的物质需求。女人的脸上也渐渐有了些笑模样。

那天，本来二人约好晚上要去看望女人的父亲，可左等右等男人就是不回来。女人正在气头上，收到了男人发来的信息："对不起老婆，始终不能让你满意。"女人看着，想着肯定是男人道歉的短信，她躺着，回想着这些年在一起的生活，想到男人对自己的关心和宽容，想着他们现在的生活，虽然平凡一点，但是也不失幸福，想着自己也许真的被虚荣冲昏头了，想着想着便睡着了。第二天早上，睁开眼的女人发现，丈夫竟然彻夜未归。她大怒，正准备打电话过去质问，电话铃声却突然响了。

电话那头说他们是交通事故科的，女人听着听着，感觉眼前的世界越来越缥缈，她的身体不停地抖着，蜷缩成一团。

原来，那天晚上，男人拉了一个急着出城的客人，男人一般不会出城，但因为对方给的价格太诱人，就答应了。回来的路上，他被一辆货车追尾，最后一刻男人给女人发了一条信息"老婆对不起，始终不能让你满意"。

太平间里，女人的心抽搐着，可是无论多么痛苦，无论多么懊悔，无论多么自责，都已经唤不醒"沉睡"的男人。

其实生命真正需要的并不多，人生无须太圆满，如果能原谅自己的欠缺，就不会与他人做无谓的比较，才能更珍惜自己现在所拥有的一切。

幸福与快乐其实并不像想象中那么复杂，它很简单，也很容易实现，但是，如若你总想着比别人过得都幸福，那却很难很难实现。毕竟，山外永远还有一座山。

其实我们根本无须羡慕别人的美丽花园，因为你也有自己的乐土。命运给了我们遗憾和苦难，但同时也赐予了我们欢乐和机遇。如果你懂得珍惜现在所拥有的一切，就会减少许多无奈与烦恼，多一些欢乐与阳光，你的人生也将更加幸福、更加快乐！

为自己且歌且行

生命是一种轮回。人生之旅，去日不远，来日无多，权与势，名与利……统统都是过眼云烟，只有淡泊才是人生的永恒。

苦一点没什么，它会让你更懂得珍惜自己所拥有的，更懂得享受生活，你也就更能体味到生活的幸福滋味！

雅莉是个普通的职员，生活简单而平淡，她最常说的一句话就是："如果我将来有了钱啊……"同事们以为她一定会说买房子买车，她的回答却令同事们大吃一惊："我就每天买一束鲜花回家！""你现在买不起吗？"同事们笑着问。"当然不是，只不过对于我目前的收入来说有些奢侈。"她也微笑着回答。一日，她在天桥上看见一个卖鲜花的乡下人，他身边的塑料桶里放着好几把雏菊，她不由得停了下来。这些花估计是乡下人批来的，又没有门面，所以花便宜得要命，一把才 5 元钱，如果是在花店，起码要 15 元！于是她毫不犹豫地掏钱买了一把。

她兴奋地把雏菊捧回了家，在她的精心呵护下这束花开了一个月。每隔两三天，她就为花换一次水，再放一粒维生素 C，据说这样可以让鲜花开放的时间更长一些。每当她和孩子一起做这一切的时候，都觉得特别开心。一束雏菊只要 5 元钱，但却给雅莉和家人带来了无穷的快乐。

关琳是某大型国企中的一名微不足道的小员工，每天做着单调乏味的工作，收入也不是很多。但关琳却有一个漂亮的身段，同事们常常感叹说："关琳如果穿起时髦的高档服装，都能把一些大明星比下去！"对于同事的惋惜之词，关琳总是一笑置之。有一天，关琳利用休息时间清理旧衣物，一床旧的缎子被面引起了她的兴趣——这么漂亮的被面扔了实在可惜，自己正好会裁剪，何不把它做成一件中式时装呢！等关琳穿着自己做的旗袍上班时，同事们一个个目瞪口呆，拉着她问是在哪里买的，实在太漂亮了！从此以后，关琳的"中式情结"一发不可收：她用小碎花的旧被单做了一件立领带盘扣的风衣，她买了一块红缎子面料稍许加工后，就让她常穿的那条黑长裙大为出彩……

两个身处不同环境的平凡女人有一个共同点：她们都能从平凡的生活中找到属于自己的幸福。雅莉生活平淡，她却愿意享受平淡的生活，并为生活增添色彩；关琳无法得到与自己的美丽相称的生活，但她没有丝毫抱怨，还尽量利用已有的东西装点自己的美丽。所以最快乐的人并不是一切东西都是美好的，她们只是懂得从平淡的生活中获取乐趣而已。

其实，世界上的大多数人都并不伟大，但平凡的人生同样可以光彩夺目。因为任何生命——平凡的生命和伟大的生命，都是从零开始的。只是平凡的人离零近些，伟大的人离零远些。

追求平凡，并不是要你不思进取，无所作为，而是要你于平淡、自然之中，过一个实实在在的人生。平凡乃人生的一种境界。肤浅的人生往往哗众取宠，华而不实，故弄玄虚，故作深沉；而平凡的人生往往于平淡当中显本色，于无声处显精神。平凡在某种程度上来说，表现为心态上的平静和生活中的平淡。平淡的人生犹如山中的小溪，自然、安逸、恬静。平凡的人生也无须雕琢，刻意雕琢就会失去自然、失去本性。

做平凡人是一种享受：享受平凡，勤耕苦作有收获，不求名利少烦恼；享受平凡，看海阔天空飞鸟自在翱翔；看山清水秀，无限风光在眼前。享受平凡，不是消极，不是沉沦，不是无可奈何，不是自欺欺人。享受平凡是因为平凡中你才能体会到生活的幸福和可贵，幸福不是腰缠万贯、豪华奢侈，幸福不是位高权重、呼风唤雨，幸福是对平凡生活的一种感悟，只要你经历了平凡，享受了平凡，就会发现：平凡才是人生的真境界！

对自己多说几个"幸亏"

人生各有各的苦恼，各有各的快乐，只是看我们能够发现快乐，还是发现烦恼罢了。

白云禅师受到神赞禅师《空门不肯出》的启发，作过一首名为《蝇子透窗偈》的感悟偈。

为爱寻光纸上钻，不能透处几多难。

忽然撞着来时路，始觉平生被眼瞒。

从表面意义上看，白云禅师的这首诗偈可以这样理解：苍蝇喜欢朝光亮的地方飞。如果窗上糊了纸，虽然有光透过来，可苍蝇却左突右撞飞不出去，直至找到了当初飞进来的路，才得以飞了出去，也才明白原来是被自己的眼睛骗了。苍蝇放着洞开无碍的"来时路"不走，偏要钻糊上纸的窗户，实在是徒劳无益，白费工夫。

这首诗偈通俗易懂却又寓意深刻，诗中的"来时路"喻指每个人的生活都有值得去品味的地方，只可惜往往不加以注意罢了。而"被眼瞒"一句更是深有寓意，意指人们常常被眼前一些表面的现象所欺骗，无法发现生活的真滋味。此偈选取人们常见的景象，语意双关、暗藏机锋，启迪世人不要受肉眼蒙蔽，而要用心灵去体会那些生活中，通常被人们忽略而又美丽的瞬间。

一位哲学家不小心掉进了水里，被救上岸后，他说出的第一句话是：呼吸空气是一件多么幸福的事情。空气，我们看不到，日常生活中也很少意识到，但失去了它，你才发现，它对我们是多么重要。据说后来那位哲学家活了整整一百岁，临终前，他微笑着、平静地重复那句话："呼吸是一件幸福的事。"言外之意，活着是一件幸福的事。

生活中的快乐无处不在，关键在于如何去体会，倘若用心体会便不难感受。生活的幸福是对生命的热情，为自己的快乐而存在，在那些看似无法逾越的苦难面前，依然能够仰望苍穹，快乐便会永远伴随左右。

某人是个十足的乐天派，同事、朋友几乎没见他发过愁。大家对此大感不解，若以家境、工作来论，他都算不上好，为什么却总是一脸的快乐呢？

一位同事按捺不住好奇，问道："如果你丢失了所有朋友，你还会快乐吗？"

"当然，幸亏我丢失的是朋友，而不是我自己。"

"那么，假如你妻子病了，你还会快乐吗？"

"当然，幸亏她只是生病，不是离我而去。"

"如果你遇到强盗，还被打了一顿，你还笑得出来吗？"

"当然，幸亏只是打我一顿，而没有杀我。"

"如果理发师不小心刮掉了你的眉毛……"

"我会很庆幸，幸亏我是在理发，而不是在做手术。"

同事不再发问，因为他已经找到该人快乐的根源——他一直在用"幸亏"驱赶烦恼。

乐观的人无论遭遇何种困难，总是会为自己找到快乐的理由。在他们看来，没什么事情值得自己悲伤凄戚，因为还有比这更糟的。相反，悲观的人则显得极度脆弱，哪怕是芝麻绿豆大的小事，也会令他们长吁短叹，怨天尤人，所以他们很难品尝到快乐的滋味。

其实，任何事情有其糟糕的一面，就必有其值得庆幸的一面，如果你能将目光放在"好"的一面上，那么，无论遇到何种困难，你都能够坦然以对。

只要你愿意，你就会在生活中发现和找到快乐——痛苦往往是不请自来，而快乐和幸福往往需要人们去发现、去寻找。

如果缺乏珍惜之心则很难意识到快乐的所在，有时甚至连正在历经的快乐都会失去。正如一位哲学家曾说过的：快乐就像一个被一群孩子追逐的足球，当他们追上它时，却又一脚将它踢到更远的地方，然后再拼命地奔跑、寻觅。

人们都追求快乐，但快乐不是靠一些表面的形式来获得或者判定的，快乐其实来源于每个人的心底。

生活中的情趣是靠心灵去体会的。去掉繁杂，我们的心会更简单，得到更多的快乐。生命短暂，找到自己的快乐才是本质，用心去体会生活，你做得到吗？

痛苦和烦恼是噬咬心灵的魔鬼，如果你不用快乐将它们驱赶出去，必然会受其所害。当遭遇不幸之时，我们不妨多对自己说几个"幸亏"，情况一定会有所好转。

不为谁，就笑给自己听

你是否对自己太过苛刻，习惯用错误惩罚自己？其实，人生本来烦恼已多，为了保持内心的平衡，我们必须给自己一点宽容。所以，请给自己一个理由，让紧绷的神经轻松一下，让疲惫的身心休息一番，让许久不见的笑容再次绽放在你的脸上……笑有很多种，有冷笑，有苦笑，有强颜欢笑，有哈哈大笑，有仰天长笑……但没有一种比它更迷人，那就是笑给自己听！

花一点时间，想想你今天所做的事，尽量记下一些做得不好的事，如，我不小心又把钥匙给丢了、错过电影开始的五分钟、买了一件不需要的东西、忘了买三明治的配料、忘了给朋友打电话、忘了带东西给爱人等。这个时候，你会笑自己吗？

换一个角度，想想看你记不记得这一天当中做了哪些好事。如果你像大多数人一样，就算想起来一两件好事，也没有想到的不如意的事情多，你对自己就过于苛责了，不知不觉中又多了一种负面情绪。

你或许会想："哦，每个人都一样嘛！这是人之常情，没什么大不了的。"没错，不幸的是大多数人都是如此，总是将焦点集中在自己犯的错误上。但这并不能改变什么，而且他们忽略了将错误搁在心里的害处有多大，那样不但会觉得有压力、紧张，还会导致自我防卫过严而冷酷无情。

我们有太多的事要去做，也有太多的错误需要弥补。为了保持内心平衡，必须给自己一点宽容，接受现实中不完美的一面。如果追求事事皆完美而事实上根本做不到，就会沮丧，会觉得生活无聊透顶，身边的人也会对你敬而远之。

将焦点集中在自己的过错上，很容易深陷小事的烦恼中，认为自己真是一无是处，世界也毫不可爱：我生来只会做错事。负面的思考带来负面的能量，进而产生负面的行为。你会停留在问题、愤怒与不安全的状态中，以后做事会更紧张，也会更吹毛求疵、更自责，也许会更难尽如人意。人有缺点并不可怕，可怕的是因缺点而自卑，因自卑而虐待自己。

当你想到自己做得对的事时，你会将焦点集中在自己好的那一面，你会觉得自己有能力而且潜力无穷，你会多给自己一点机会，容许自己做错事时有改进的空间。

想到自己做得对的事，能让你变成一个更有耐心的人，对你自己或别人都更有耐心，你会看到人生的积极面，你会知道自己或别人都在尽力而为。总之，接受生活中的不完美，会不再那么紧张、压力过重，好像有人一直跟在身后计分一样。专家的建议是：你在各方面都尽力而为后，就要放手。因为无论你有多努力，都难免会犯一些错误。下次做得不够好的时候，不要严苛地责怪自己：看，你又犯了这毛病，怎么搞的，怎么这么笨，老是学不会，难怪别人不喜欢你！要把责怪转换成笑自己：看你，又以自我为中心了！虽然是很努力了，但下次要更小心点，哈哈！这样是不是会过得快乐一些！

当然，自我快乐的心态不是与生俱来的，是靠后天自觉自愿的磨砺和修炼得到的。这不仅靠个人努力，也靠生活在自己的圈子里的其他人潜移默化的影响。因为每个人都有自己的小圈子，在这个范围内是自己熟悉的事物和人，是自己所谓的"安全区域"，不知不觉中，像一只背着壳的蜗牛，动不动就把脑袋缩回去。

有的人有一种习惯：每天翻阅相同的几份报纸杂志，他们从来不尝试接受任何不同的观点。在一次科学研究中，科研人员对这种人进行了这样的心理测试：他们请一个政治立场众所周知的人阅读一份报纸的社论。社论开头的观点与他的观点一致。读到一半的时候，观点突然来了一个180度的急转弯。通过暗藏的摄像机，科研人员发现这位读者的眼睛突然转向该报纸版面的另一部分。这个思想僵化的读者甚至不愿意了解一个不同的观点，因此，他不可能有笑给自己听的幸运，反而可能让别人笑自己。

生活中也一样，只是接受一种风味的菜肴，便永远也体味不到其他菜肴的美妙之处。有的人想都不想就一口咬定"我这个人口重，喜欢吃味浓的食物"，于是他们在清淡的食品端上来的时候，从来都不会考虑夹一点，尝尝看。他们的心目中就坚信一种观念：只有味道重的东西才好吃，味道清淡的东西不用尝，肯定不好吃。这只能算作过去经验的一种惯性，而成为真理的可能性太小了。记得一部电视剧中的男主人公说不喜欢吃菠萝，其实只是因为这种水果外表很难看。但是当他有一天吃了处理好的菠萝以后却大声称赞："这是什么水果，给我再来一块！"菠萝味道没有变，只不过他以前不愿尝，吃了后，才知道原来它跟想象中的不一样。

人一旦暗示自己喜欢某种东西，便会努力说服自己放弃其他的东西。可是我们根本就没有去尝一尝，又怎么知道不好呢？所以一个不会变换口味的人不会成为美食大师；一个墨守成规的人永远也不会成为一个好的创新者。

人最好不要总把自己局限在一个固定的圈子里，尤其是对周围的环境和人感到不如意的时候。因为那时候你不可能笑。所以聪明人都会让自己在思维观念上和交际、工作中，保持一颗有弹性的心灵，随时关注、接纳新鲜的血液和力量。

当下的你就是最美的

你心若凋零，他人自轻视；你心若绽放，他人自赞叹。人言不足畏，最怕妄自菲薄，当我们以自信的态度看待自己，在别人的眼里，当下的你就是最美的。

别人是以你看待自己的方式看待你

你用什么样的方式看待自己，就会得到什么样的自我评价。当你认为自己全身上下都是问题时，你的眼里就会只有问题，那么，你将看不到自己的优点。当然，你也不要觉得自己什么都好，假如你总觉得自己比任何人都强，你只会在自己身上找让自己满意的地方，你会看不到自己的缺点，这就陷入了另一种极端，这显然也不是什么好事。

美国科研人员进行过一项有趣的心理学实验，名曰"伤痕实验"。

他们向参与其中的志愿者宣称，该实验旨在观察人们对身体有缺陷的陌生人做何反应，尤其是面部有伤痕的人。

每位志愿者都被安排在没有镜子的小房间里，由好莱坞的专业化妆师在其左脸做出一道血肉模糊、触目惊心的伤痕。志愿者被允许用一面小镜子照照化妆的效果后，镜子就被拿走了。

关键的是最后一步，化妆师表示需要在伤痕表面再涂一层粉末，以防止它被不小心擦掉。实际上，化妆师用纸巾偷偷抹掉了化妆的痕迹。

对此毫不知情的志愿者被派往各医院的候诊室，他们的任务就是观察人们对其面部伤痕的反应。

规定的时间到了，返回的志愿者竟无一例外地叙述了相同的感受——人们对他们比以往粗鲁无礼、不友好，而且总是盯着他们的脸看！

可实际上，他们的脸部与往常并无二致，也没有什么不同。他们之所以得出那样的结论，看来是错误的自我认知影响了他们的判断。

这真是一个发人深省的实验。原来，一个人内心怎样看待自己，从外界就能感受到怎样的眼光。同时，这个实验也从一个侧面验证了一句西方格言："别人是以你看待自己的方式看待你。"不是吗？其实很多时候，导致我们人生糟糕的关键，就是我们的自我评价系统出现了问题。因为无法正确看待自己，我们把自己人生的高度设置得越来越低。

所以，无论如何别把自己看得太低，或许你才是大众的焦点。你没有必要太在乎别人的看法，因为你永远是你，没有人能够取代你。是的，不要把自己看得太低，否则你对不起支持你的父母亲友。就算你不能挡住别人俯视的视线，但你完全可以改变自己的位置，就算不能让他们仰视，但至少可以与他们比肩而立！

真的，不要把自己看得太低，也不能把自己看得太低。你才是自己生命里的擎天柱，你更要为家人撑起一片天，你要将自己托起，托到一个足够高的位置。我们要学会用欣赏的眼光看自己，如此才能消除自卑，树立自信，才能给命运带来转机，给生命带来机遇和色彩。

无论如何请相信，卑微不是你的宿命

一个人，就算再年轻、再没有经验，只要肯把全部精力集中到一个点上，大小都会有所成就；一个人，即使很聪明、很有天赋，但如果流连市井，最终也就只能平庸一生。再难的事，只要心中有那么一口志气，且能够专心致志，就能做成，但如果心思散乱、胸无大志，哪怕只是不起眼的成绩，做起来也会比登天还难。人生最关键的那么几年，你给自己定位成什么，你就是什么，定位能够改变人的一生。

有一位双腿残疾的青年人在长途汽车站卖茶叶蛋。由于他表情呆滞、衣衫褴褛，过往的旅客都错将他当成了乞丐，一上午过去，茶叶蛋没卖出几个，脚下却堆起了不少的零钱。

那天有一位西装革履的商人打此经过，与众人一样，他随手丢下一枚硬币，然后毫不停留地向候车室方向走去。但没走上十步，商人突然停住，继而转身来到残疾青年面前，拣了两个茶叶蛋并连连道歉："对不起，对不起，我误把您当成了乞丐，但其实您是一个生意人。"

望着商人逐渐远去背影，残疾青年若有所思。

3 年以后，那个商人再次经过这座车站，由于腹中饥饿，便走进附近一家饭馆，要了一碗云吞面。付账时，店主突然说道："先生，这碗面我请你。"

"为什么？"商人大感不解。

"您不记得了？我就是 3 年前卖给您茶叶蛋的'生意人'。"他有意加重了"生意人"三个字的发音。

"在没遇到您之前，我也把自己当成乞丐，是您点醒了我，让我意识到自己原来是个生意人。你看，我现在成了名副其实的生意人。"

其实每个人都拥有惊人的潜力，就看我们是否愿意将其唤醒。事实是，如果你将自己看得一文不值，那你或许就只能做个乞丐；若能够把自己看作"生意人"，你就一定可以成为"生意人"。是蜷缩在阴暗的角落拣拾残羹剩饭，还是坐在明亮的写字楼中点兵遣将，全在你的一念之间。如果我们能够将"自卑"、"自毁"从自己的字典中挖出去，我们的潜能就一定会被激发出来。但更重要的是，我们要善于发现自己，而不是等着别人来发现。

然而总有这么一些人，也许是受了"宿命论"的影响，任何事都指望天来安排；也可能是因为本性懦弱，他们总是希望别人帮助自己站起来；或是因为责任心太差，该做的事情不做，没有丝毫的担当……总之，他们给自己的定位实在太低，所以遇事不敢为人先，一直被一种消极心态所支配。

毫无疑问，那些错误的、过时的定位是隐藏在我们心中的毒药，荼毒我们原本进取的心灵，导致我们离高层次的生活越来越远，所以你必须及时更新自己的定位，改变那些庸俗的想法，这实在是当务之急。

物质的贫瘠源于思想的贫瘠

物质上的贫瘠是次要的，如果你的心灵贫瘠，那才是真正可怕的。

"我出生在贫困的家庭里，"美国副总统亨利·威尔逊这样说道，"当我还在摇篮里牙牙学语时，贫穷就露出了它狰狞的面孔。我深深体会到，当我向母亲要一片面包而她手中什么也没有时是什么滋味。我承认我家确实穷，但我不甘心。我一定要改变这种情况，我不会像父母那样生活，这个念头无时无刻不缠绕在我心头。可以说，我一生所有的成就都要归结于我这颗不甘贫穷的心。我要到外面的世界去。在 10 岁那年我离开了家，当了 11 年的学徒工，每年可以接受一个月的学校教育。最后，在 11 年的艰辛工作之后，我得到了一头牛和六只绵羊作为报酬。我把它们换成几个美元。从出生到 21 岁那年为止，我从来没有在娱乐上花过一个美元，每一美分的花费都是经过精心计算的。我完全知道拖着疲惫的脚步在漫无尽头的盘山路上行走是什么样的痛苦感觉，我不得不请求我的同伴们丢下我先走……在我 21 岁生日之后的第一个月，我带着一队人马进入了人迹罕至的大森林里，去采伐那里的大圆木。每天，我都是在天际的第一抹曙光出现之前起床，然后就一直辛勤地工作到天黑后星星探出头来为止。在一个月夜以继日的辛劳努力之后，我获得了六个美元作为报酬，当时在我看来这可真是一个大数目啊！每个美元在我眼里都跟今天晚上那又大又圆、银光四溢的月亮一样。"

在这样的穷途困境中，威尔逊先生下定决心，一定要改变境况，决不接受贫穷。一切都在变，只有他那颗渴望改变贫穷的心没变。他不让任何一个发展自我、提升自我的机会溜走。很少有人能像他一样理解闲暇时光的价值。他像对待黄金一样紧紧地抓住零星的时间，不让一分一秒无所作为地从指缝间溜走。

21 岁之前，他已经设法读了 1000 本好书，对一个农场里的孩子来说这是非常难得的！离开农场以后，他徒步到 100 里之外的马萨诸塞州的内笛克去学习皮匠手艺。他风尘仆仆地经过了波士顿，在那里可以看见邦克、希尔纪念碑和其他历史名胜。整个旅行只花了他一美元六美分。一年之后，他已经在内笛克的一个辩论俱乐部脱颖而出，成为其中的佼佼者了。后来，他在马萨诸塞州的议会上发表了著名的反奴隶制度的演说，此时，他来到这里还不足 8 年。12 年之后，他与著名的社会活动家查尔斯·萨姆纳平起平坐，进入了国会。后来，威尔逊又竞选副总统，终于如愿以偿。

威尔逊生于贫困，然而他又是富有的。他唯一的、最大的财富就是他那颗不甘平庸的心，是这颗心把他推上了议员和副总统的显赫位置。在这颗不竭心灵的照耀下，他一步步地登上了成功之巅。

物质贫乏对整个人类来说，它只是一个动态的、不断被改变着的过程。但具体到某一个人的身上，则可能是一种结果，因为他可能安心地生活在贫困之中，不思进取。

有一家人生活并不富裕，他们在经过了几年的省吃俭用之后，积攒够了购买去往澳大利亚的下等舱船票的钱，他们打算到富足的澳大利亚去谋求发财的机会！

为了节省开支，妻子在上船之前准备了许多干粮，因为船要在海上航行十几天才能到达目的地。孩子们看到船上豪华餐厅的美食都忍不住向父母哀求，希望能够吃上一点，哪怕是残羹冷饭也行。可是父母不希望被那些用餐的人看不起，就守住自己所在的下等舱门口，不让孩子们出去。于是，孩子们就只能和父母一样在整个旅途中都吃自己带的干粮。其实父母和孩子一样渴望吃到美食，不过他们一想到自己空空的口袋就打消了这个念头。

旅途还有两天就要结束了，可是这家人带的干粮已经吃光了。实在被逼无奈，父亲只好去求服务员赏给他们一家人一些剩饭。听到父亲的哀求，服务员吃惊地说："为什么你们不到餐厅去用餐呢？"父亲回答说："我们根本没有钱。"

"可是只要是船上的客人，都可以免费享用餐厅的所有食物呀！"听了服务员的回答，父亲大吃一惊，几乎要跳起来了。

如果说，他们肯在上船时问一问，也就不必一路上如此狼狈了。那么为何他们不去问问船上的就餐情况呢？显而易见，他们没有勇气，因为他们的头脑中早就为自己设了一个限，于是他们错过了本应属于自己的待遇。

在生活中，因为没有勇气尝试而错失良机的事情又何止这些？也许就算尝试了，也不一定就会成功，但连尝试的勇气都没有，就只能一如既往地落魄和平庸。

今天的你抱怨上天不给你成功的机会，感慨命运一直在捉弄你，其实机会可能就在你身边，只是因为你为自己设了限，你觉得自己没有本事，于是你把机会自行放弃了。而机会一旦溜走，就很难再重新拥有。

如果不想被人看低，就做强你自己

走过的路告诉我们，如果你想要很认真地活着，但别人不看重你，这个时候你一定要看重你自己；如果你希望得到更多的关注，但别人不在乎你，这个时候你一定要在乎你自己。你自己看重自己，自己在乎自己，最后，别人才会看重和在乎你。

你最不能犯的错误，就是看低自己，其实每一个独立存在的个体，都有着别人无可替代的特点与能力。当别人的评价让你感到无所适从时，没关系，只要你知道曾经有一个独特的、与你气质相近的人成功了，那么就不必再为俗人的眼光而感到苦恼。对于别人的打击，你可以做出两种反应：要么被击垮，躲在角落里哭泣，朝着他们想看到的样子沉沦下去；要么选择无视，就做最真实、最好的你自己，坚持到底。结果是，前者会泯于众人，而后者往往会惊天动地。

他在北京求学时，为了生存不得不去卖报，不论刮风下雨，寒冬酷暑。而他卖报所得的钱全部用来买国外有关物理方面的杂志，只剩下买馒头榨菜的钱。生活上的苦和人们别样的眼光他从没怕过。他经常要去听一些学术报告，每次头发乱蓬蓬的，戴了一副 700 度的近视眼镜，只穿一双旧黄球鞋、不穿袜子的他成了门卫拦截的对象。

所有的苦，所有曾被人看不起的辛酸与那张波士顿大学博士研究生录取通知书相比，都是微不足道的。他就是留美博士张启东，他终于可以抬起头对所有看不起他的人说："你们看错了！"

她出生在北京一户普通人家，初中毕业以后，曾在医院做过一段时间护士。一场大病几乎令她丧失了活下去的勇气。然而，大病初愈的她却突然感悟到：绝不能继续在这个毫无生气，甚至无法解决温饱的地方浪费青春。于是，通过自学考试，她取得了英语专科文凭，并通过外企服务公司顺利进入"IBM"，从事办公勤务工作。

其实，这份工作说好听一些叫"办公勤务"，说得直白一些，就是"打杂的"。这是一个处在最底层的卑微角色，端茶倒水、打扫卫生等一切杂务，都是她的工作。一次，她推着满满一车办公用品回到公司，在楼下却被保安以检查外企工作证为由，拦在了门外，像她这种身份的员工，根本就没有证件可言，于是二人就这样在楼下僵持着。面对大楼进出行人异样的眼光，她恨不得找个地缝钻进去。

然而，即使环境如此艰难，她依然坚持着，她暗暗发誓："终有一天我要出人头地，绝不会再让人拦在任何门外！"

自此，她每天抓紧时间为自己充电。一年以后，她争取到了公司内部培训的机会，由"办公勤务"转为销售代表。不断的努力，令她的业绩不断飙升，她从销售员一路攀升，先后成为 IBM 华南分公司总经理、IBM 中国销售渠道总经理、微软大中华区总经理，成了中国职业经理人中的一面旗帜。

她创下了国内职业经理人的几个第一：第一个成为跨国信息产业公司中国区总经理的内地人；第一个也是唯一一个坐上如此高位的女性；第一个也是唯一一个只有初中文凭和成人高考英语大专文凭的跨国公司中国区总经理。在中国经理人中，她被尊为"打工皇后"。没错，她就是吴士宏。

人生，有无数种开始的可能，同样也有无数种可能的结果，今天的强者，曾几何时未必不是个弱者，由弱到强的转变，靠的就是心中始终憋着的那口真气——那口不愿随波逐流的人生志气。而积聚起这口真气的关键就在于，他们自始至终没有低看过自己。

你生命里的缺憾，是悲，亦是喜

鱼鳔的作用在于，它所产生的浮力可以使鱼在静止状态时，自由控制身体处在某一水层。此外，鱼鳔还能使鱼腹腔产生足够的空间，保护其内脏器官，避免水压过大导致内脏受损。因此可以说，鱼鳔关乎着鱼的生死存亡。

可有一种鱼却是异类，它天生就没有鳔！更惊世骇俗的是，它的存在可追溯到恐龙出现前三亿年，至今已在地球上生活超过四亿年，它在近一亿年来几乎没有改变。它就是鲨鱼，一个"残疾"的海洋王者。

那么，究竟是什么让"残疾"的鲨鱼离开了鳔依然可以在水中游刃有余呢？科学家经过大量研究找到了答案：鲨鱼因为没有鳔，为保证身子不下沉，所以几乎不会停止游动，因而保持了强健的体魄，练就令人胆寒的战斗力。

原来，正是鲨鱼的天生缺陷，反而造就了它的强大。鲨鱼无鳔，是它的悲，也是它的喜。

变幻莫测的人生中也常常上演着一出出悲喜剧。

多年前，尼克·胡哲的父母原本满心欢喜地迎接他们的第一个儿子，却万万没想到会是个没有四肢的"怪物"，连在场医生都惊呆了。

第一次见到尼克·胡哲的人，都难免被他的样貌所震惊：尼克就像是一尊素描课上的半身雕像，没有手和脚。不过，尼克并不在意人们诧异的表情，他在自我介绍时常以说笑开场。

"你们好！我是尼克，生于 1982 年，澳大利亚人，周游世界分享我的故事。我一年大概飞行 120 多次，我喜欢做些好玩的事情来给生活增添色彩。当我无聊时，我会让朋友把我抱起来放在飞机座位上的行李舱中，我请朋友把门关上。那次，有位老兄一打开门，我就'嘣'地探出头来，把他吓得跳了起来。可是，他们能把我怎么样？难道用手铐把我的'手'铐起来吗？

"我喜欢各种新挑战，例如刷牙，我把牙刷固定在架子上，然后靠移动嘴巴来刷，有时确实很困难，也会遭遇挫败，但我最终解决了这个难题。我们很容易在第一次失败后就决定放弃，生活中有很多我没法改变的障碍，但我学会积极地看待，一次次尝试，永不放弃。"

尼克的生活完全能够自理，独立行走，上下楼梯，洗脸刷牙，打开电器开关，操作电脑，甚至每分钟能击打 43 个字母，他对自己"天外飞仙"一般的身体充满感恩。

"我父母告诉我不要因没有的生气，而要为已拥有的感恩。我没有手脚，但我很感恩还有这只'小鸡腿'（他的左脚掌及上面连着的两个趾头），我家小狗曾误以为是鸡腿差点吃了它。

"我用这两个宝贵的趾头做很多事，走路、打字、踢球、游泳、弹奏打击乐……我待在水里可以漂起来，因为我身体的 80% 是肺，'小鸡腿'则像是推进器；因为这两个趾头，我还可以做 V 字，每次拍照，我都会把它翘起来。"说着说着，他便翘起那两个趾头，绽出满脸笑容。

尼克的演讲幽默且极具感染力，他回忆出生时父母和亲友的悲痛、自己在学校饱受歧视的苦楚，分享家人和自己如何建立信心、经历转变。"如果你知道爱，选择爱，你就知道生命的价值在哪里，所以不要低估了自己。"在亲友支持下，他克服了各种困境，并通过奋斗获得会计和财务策划双学士学位，进而创办了"没有四肢的人生"（Life Without Limbs）非营利机构，用自己的生命见证激励众人，如今他已经走访了 24 个国家，赢得全世界的尊重。

伟大的胸怀，应该表现出这样的气概——用笑脸来迎接悲惨的命运，用百倍的勇气来应对自己的不幸。

绝望与愁苦永远不能使心灵真正坚强、人生真正成熟。困厄中徘徊犹疑地人们，只有用钢铁般的性情隐忍地跋涉，才能让一切苦难在你面前黯然失色。心灵强大需要的是信仰和毅力，品味的不是惨淡苦笑的气息，而是超脱后的平静与安宁。

生理上的缺陷，并不是沉沦的理由

对于一个人来说，生理上的缺陷确实是一件非常残酷的事情，可你不能因此而自卑消沉。既然缺陷无法改变，那么就要正视它，把它当成前进的动力。这样一来，缺陷也就有了价值。

鲁道夫出生在美国一个普通黑人家庭，出生时只有 2 公斤重，而后又得了肺炎、猩红热和小儿麻痹症，几乎夭折。因为家庭贫穷无法及时医治，从那时起，她的双腿肌肉逐渐萎缩，到 4 岁时，左腿已经完全不能动弹，这极大地刺伤了年幼的鲁道夫的心。

一转眼，鲁道夫已经 6 岁，该上学了。这时，鲁道夫再也忍受不住，她多么渴望自己能像其他小孩一样，步入充满欢乐的校园啊。一天，她穿上特制的鞋子，独自下床，谁知脚刚一着地，就支撑不住了。然而，她并没有灰心，她咬紧牙，扶着椅子，将全部力气集中到双腿上……身子慢慢直了起来。接着，在家人的鼓励声中，她迈出了有生以来的第一步。

11 岁那年，鲁道夫依旧不能正常走路，这使父母焦虑万分。后来母亲出了个主意，让她尝试着打篮球，以加强腿部肌肉力量。鲁道夫立刻迷上了这项运动，经过一个阶段的锻炼，奇迹出现了！她不但身体变得强壮起来，而且能够正常走路了，甚至还能够参加正常的篮球比赛。

一次，鲁道夫正在参加一场篮球比赛，恰巧被一个名叫 E. 斯普勒的田径教练发现，他觉得她有着超人的弹跳和速度，就建议她改练短跑，并热情地鼓励她说："你是一只小羚羊，将来一定会成为世界短跑纪录创造者和奥运冠军。"

果然，在斯普勒的悉心教导下，鲁道夫迅速成长起来。在田纳西州，她成了全州女子短跑明星，开始在美国田坛初露头角。1995年，在芝加哥举行的第三届泛美运动会上，鲁道夫与队友一同为美国队摘得了4×100米接力的金牌。

罗马奥运会上，鲁道夫代表美国队出赛，她先平世界纪录，再破世界纪录，一人独得3枚金灿灿的金牌，缔造了美国田径史上的一段传奇。

越研究那些有成就者的事业，你就会越加深刻地感觉到，他们之中有非常多的人之所以成功，是因为他们开始的时候会有一些阻碍他们的缺陷，促使他们加倍地努力而得到更多的报偿。正如威廉·詹姆斯所说的："我们的缺陷对我们有意外的帮助。"

你不比别人好看，但可以比别人活得漂亮

长相有缺憾的人，多会因此而自卑。这种自卑感压抑了人的自尊心、自信心和上进心，甚而会影响一辈子。这些人显然没有意识到，相貌只是让别人认出你，内心才是真正的自己。

中国古代哲学家杨子曾对他的学生们说："有一次，我去宋国，途中住进一家旅店里，发现人们对一位丑陋的姑娘十分敬重，而对一位漂亮的姑娘却十分轻视。你们知道这是为什么吗？"学生们听了之后说什么的都有。杨子告诉他们，经过打听才知道，那位丑陋的姑娘认为自己相貌差而努力干活且品格高尚，因此得到人们的敬重；那位漂亮的姑娘则认为自己相貌美丽，

因而懒惰成性且品行不端，所以受到人们的轻视。

其实，做人的道理也是这样，是否被人尊敬并不在于外貌的俊与丑。美绝不只是表面的，而是有着更深层次的内涵。如果表面的美失去了应该具有的内涵，就会为人们所舍弃，那位漂亮姑娘就是最好的例证。勤能补拙，也能补丑，这是那位丑姑娘给我们的启示。

诚然，相貌的美丑的确会影响别人对你的印象，但并不是绝对的影响因素。相貌有缺憾的人并不是一无所长，只要能把自己的长处发挥出来，一样可以令别人刮目相看。

凯丝·达莉从小就表现出了不错的歌唱天赋，她想成为一名歌唱演员，但她的脸并不好看，而且天生长有龅牙。

长大后，她来到新泽西一家夜总会唱歌。为了掩盖自己的缺点，她总是将上嘴唇尽力下拉，谁知这样一来非但没有使自己变得好看，反而大大影响了歌唱的质量，结果洋相百出。她哭了，哭得很伤心，坐在台下的一位音乐家听出了她的天分，于是说道："我一直在注意你的表演，你很有天分，但你的掩饰动作影响了自己的发挥。坦率地说，我知道你想掩饰什么，龅牙对吗？可又有谁说龅牙就一定难看？记住，观众欣赏的是你的歌声，而不是你的牙齿，你只要把歌唱好就可以了！"

这番话虽然令凯丝·达莉有些难堪，但同时又使她受到了极大震动。她接受了音乐家的忠告，忘记龅牙，放声歌唱。她的歌声征服了在场的所有人，这使得她迅速走红美国演艺圈，而那几颗一直被她刻意掩饰的龅牙也成了凯丝·达莉的标志，广为歌迷所称道。

缺陷不是人的弱势，缺陷反而会激发人们求取完善的意志，警策人们自知之明的睿智，提升人们应对失败的心智。因此，美学上才有了"丑到极处就是美到极处"的观点。丑是一种缺陷，而正视自身的丑，并且把丑张扬到极致，就是一种美了。

虽然有些人能长得像玫瑰一样艳丽，但美貌终有一天要消失。假如没有内在的美，任何外貌的美都是不完备的。

你很"笨"，但谁说"笨人"铁定一事无成呢？

如果你天生平凡，那你就要比别人更加努力，而且不能放弃希望！如果早早做好计划，早早做好准备，尽早付诸行动，那么，就算是小笨鸟也会有肥肥的虫儿吃，而等那些自以为聪明、懒洋洋的鸟儿起来忙着找虫吃时，早起的鸟儿早已吃得饱饱，精气十足地开始了新一天的生活。

如果你是"笨人"，要想在激烈的竞争中走在别人前面，那么就要早些打点行装，开始上路。即使早行的路上会有薄雾遮眼，晓露沾衣，但只要朝着东方跋涉，我们必然会成为最早迎接朝阳的人。

她读小学时，文化课成绩一塌糊涂，唯一及格的只有手工课。老师来家访，忧心忡忡地说："也许孩子的智力有问题。"父亲坚定地摇了摇头，说："能做出这么漂亮的手工作品，说明她的智力没有问题，而且非常聪明。"

看着老师摇着头离开，她难过地流下了泪水。父亲却笑着说："乖女儿，你一点儿都不笨。"说着，父亲从书架上拿出一本书，翻到其中一页，说："还记得我给你讲过的蓝鲸的故事吗？蓝鲸可是动物界的'巨人'，别看它粗大笨重、肥肥壮壮的样子，可它的喉咙却非常狭窄，只能吞下5厘米以下的小鱼。蓝鲸这样的生理结构，非常有利于鱼类的繁衍，因为如果成年的鱼也能被吃掉，那么，海洋中的鱼类也许就会面临灭绝了！"

"上帝并不会偏爱谁，连蓝鲸这样的庞然大物也不例外。"父亲又给她讲了一个故事，"好莱坞著名影星奥黛丽·赫本童年时，由于家庭贫困，经常忍饥挨饿，甚至一度只能依靠郁金香球茎及由烘草做成的'绿色面包'充饥，并喝大量的水填饱肚子。长期的营养不良，使她身材特别瘦削。虽然如此，赫本仍然不断练习她最爱的芭蕾舞。赫本从不气馁，终于成功扮演了《罗马假日》中楚楚动人的安妮公主。"

父亲鼓励她说："你看，无论是一头巨鲸，还是国际影星，都有不完美的一面。这就好像你数学功课差一点儿，手工却是最棒的，说明你心灵手巧。做自己喜欢的事，坚持下去。"

也许正因为有了父亲的鼓励，从此以后，她不但喜欢做手工，还常常动手搞些小发明。几块木板钉在一起，加上铁丝和螺丝钉，就是一个小巧的板凳。听到母亲抱怨衣架不好用，她略加改造，让它可以自由变换长度，成了一个"万能衣架"，简单又实用。甚至，在父亲的帮助下，她还将家里的两辆旧自行车拼到一起，改装成了一辆双人自行车。

伴随着这些小小的发明，她快乐地成长着。2010年，她已是美国麻省理工学院的一名大学生。一个周末，她出去购物，在超市门前，听到有两位顾客在抱怨："想要找到空车位，简直比彩票中奖还要难！""如果谁能发明一种折叠汽车，那该有多好！"说者无心，听者有意，她立刻突发奇想："为什么不试一下呢，说不定真的可以。"

回到学校，她开始搜集关于汽车构造方面的知识，单是资料就抄了厚厚的几大本。接下来，一次次思考，反复画图。功夫不负有心人，经过半年的努力，她终于设计出了折叠汽车的图纸。

看她一副欣喜若狂的样子，有同学泼冷水说："你懂得如何生产吗？说不定图纸只能变成废纸。"她想起父亲当年讲的蓝鲸的故事，笑着说："我的确不懂生产汽车，但可以寻找合作伙伴。"于是，她在网上发布帖子，寻求可以合作的商家。不久，西班牙一家汽车制造商联系到她，双方很快签下合约。2012 年 2 月，世界上第一款可以折叠的汽车面世了。

这款汽车有着时尚的圆弧造型，全长不过 1.5 米，电动机位于车轮中，可以在原地转圈，只要充一次电，就可行驶 120 公里，最重要的是它可以在 30 秒之内，神奇般地完成折叠动作，让车主再也不用担心没有足够的空间来停车。折叠汽车刚刚亮相，就受到众多车迷们的追捧，还没等正式批量生产，就收到了很多订单。

她就是来自美国的达利娅·格里。面对记者的采访，她有些害羞地说："我从小就不是个聪明的孩子，但我坚持做自己喜欢的事，用刻苦和勤奋来弥补缺陷，才找到了属于自己的路。"

如果你是笨鸟，就先飞！成功之事，大抵如此。

如果你要欣赏壮美的黄山日出，就必须在日出前登上高高的山峰；要想在人生赛场上胜出，就必须在起跑时争取到那零点几秒，因为这零点几秒的优势，很可能成为你最终取得胜利的优势。虽说你的条件可能不如别人，但勤奋能够补拙，多一分辛苦便多一分才气。如果你先飞，就没有人知道你是笨鸟，因为你比他们到的更早。

其实仔细想想，也许每个人都应该把自己当成一只笨鸟，一直埋头苦干，有天猛然抬头一看，天啊！我竟然造出了比其他小鸟更深、更温暖的窝。

许多有所作为的人，大多有这样的心理：越是自己很难做成的事，越是忍不住要去尝试；越是看到自己比别人差，越是试图要去超过别人。这就冲破自卑的束缚了。中国有句成语"笨鸟先飞"就生动描绘了战胜自卑、发愤图强者的心态。

不借力，你依然可以闯出自己的天地

其实，在人生这场征程中，即使你没有车马盘缠，没有丰衣足食，即使两手空空没有什么行李，但只要你有梦想，就依然可以义无反顾。因为，梦想就是最宝贵的财富，有了它，就足以抵挡无限的未知与危险的威慑，就足以让我们原本不被看好的人生有千变万化的可能。

他是鞋匠的儿子，生活在社会的最底层。他从小忍受着贫困与饥饿的煎熬以及富家子弟的奚落和嘲笑，但他是个爱做梦的孩子，梦想有朝一日能够通过个人发奋摆脱歧视，成为一个受世人尊重的人。

没有人愿意跟他玩，他一天大部分时间都把自我关在屋里，读书或者给他的玩具娃娃缝衣服，然后等待晚上父亲给他讲《一千零一夜》的故事，或者向父亲倾诉他想成为一名演员或作家的梦想。

他 11 岁时，父亲去世了，他的处境更加艰难。14 岁时，由于生活所迫，母亲要他去当裁缝工学徒。他哭着把他读过的许多出身贫寒的名人的故事讲给她听，哀求母亲允许他去哥本哈根，正因那里有著名的皇家剧院，他的表演天分也许会得到人们的赏识。他说："我梦想能成为一个名人，我知道要想出名就得先吃尽千辛万苦。"

就这样，14 岁的他穿着一身土得掉渣的大人服装离开了故乡。由于家境贫寒，母亲实在筹不出什么东西能够让他带在身上，她唯一能做的就是花 3 个丹麦银圆买通赶邮车的马车夫，乞求他让儿子搭车前往哥本哈根。母亲看着年幼的儿子两手空空地远行，心痛而愧疚，不由泪水长流。他反倒安慰母亲说："我并不是两手空空啊，我带着我的梦想远行，这才是最最重要的行李。母亲，我会成功的！"就这样，一个 14 岁的穷孩子，两手空空地独自踏上了前往哥本哈根的寻梦之路。

也许上天注定了每个人的梦想之旅不会一帆风顺，他也一样。在哥本哈根，他依然无法摆脱别人的歧视，经常受到许多人的嘲笑，嘲笑他的脸像纸一样苍白，眼睛像青豆般细小，像个小丑。几经周折，他最后在皇家剧院得到了一个扮演侏儒的机会，他的名字第一次被印在了节目单上。望着那些铅印的字母，他兴奋得夜不能寐。

但愉悦是短暂的，他之后扮演的角色无非是男仆、侍童、牧羊人等，他感觉自己成为大演员的期望越来越渺茫。于是，为了成为名人，他开始投身到写作中。他笔耕不辍，两年后，他的第一本小说集出版，但由于他是个无名小卒，书根本卖不出去。他试图把这本书敬献给当时的名人贝尔，却遭到讽刺和拒绝："如果您认为您应当对我有一点儿尊重的话，您只要放下把您的书献给我的想法就够了。"

在哥本哈根，他的梦想之火一次又一次遭遇瓢泼冷水，人们嘲笑他是个"对梦想执着，但时运不济的可怜的鞋匠的儿子"，他一度抑郁甚至想到自杀。但每次在梦想之火濒于熄灭之际，他就会一遍又一遍地告诉自我："我并不是一无所有，至少我还有梦想，有梦，就有成功的期望！"

最后，在他来哥本哈根寻梦的第 15 个年头，在经历过一次次刻骨铭心的失败后，29 岁的他以小说《即兴诗人》一举成名。随后，他出版了一本装帧朴素的小册子《讲给孩子们的童话》，里面有 4 篇童话——《打火匣》《小克劳斯和大克劳斯》《豌豆上的公主》和《小意达的花儿》，奠定了他作为一名世界级童话作家的地位。

他用梦想点燃了自我，用童话征服了世界。也许你已经猜到了，他就是丹麦著名作家安徒生。

成名以后，安徒生受到了王公大臣的欢迎和世人的尊敬，他经常受到国王的邀请并被授予勋章，他最终能够自在地在他们面前读他写的故事，而不用担心受到奚落。但从他的童话中，我们依然能够看到他的影子，他就是《打火匣》里的那个士兵，就是那个能看出皇帝一丝不挂的小男孩，就是那只变成美丽天鹅的丑小鸭……

谁会想到，一个两手空空来繁华都市寻梦的穷孩子，最终会得到人生如此丰硕的回报？之所以如此，正是因为他有梦想，而且是个在困难面前从不轻易熄灭梦想之火的人。

我们可以把人生比作一个牌局，上帝负责为每一个人发牌。牌的好坏不能由我们选择，但我们可以用积极的心态去接受现实，即使你手中只是一副烂牌，但你可以尽最大努力将牌打得无可挑剔，让手中的牌发挥出最大威力。相反，如果上帝给了你一副好牌，但你总是乱出招，那么再好的牌面也会被你糟蹋。记住，上帝只是负责发牌，玩牌的是我们自己。

你一直很好，只是你自己还没有意识到

不开心的时候偶尔给自己一个独处的时间是正确的，但是不要将这种行为长长久久地延续下去。我们应该敞开胸怀接受这个世界的精彩，接受身边人的爱与关怀。当你用一颗充满期待的心去面对自己生活的时候，生活也一样会用更多的惊喜来回报你。不要再担心，不要再恐惧，要相信自己的实力，也要相信别人的善良。

一个小女孩儿，从小家里就很穷，所以一直因为自卑封闭着自己的心，觉得自己事事不如别人，她不敢跟别人说话，不敢正视对方的眼睛，生怕被别人嘲笑自己。直到有一年春节，妈妈给了她5块钱，允许她到街上去买一样自己喜欢的东西。她走出了家门，来到了街市上。看着街市上那些穿着入时的姑娘，她心里真的很羡慕。忽然她看到了一个英俊潇洒的小伙子，不由地心动了，可是转念一想，自己是如此的平凡，他怎能看上自己呢？于是她一路沿着街边走，生怕别人会看到她。

这时候，她不知不觉间走到了一个卖头花的店面前，老板很热情地接待了她，并拿出各种各样的头花供她挑选。这时候，这位长者拿出了一朵金边蓝底的头花戴在了女孩儿的头上，并把镜子递给她说："看看吧，戴上它你现在美极了，你应该是天底下最配得上这朵花的人。"小女孩儿站在镜子前，看着镜子里那美丽的自己，真的有说不出的高兴。她把手里的5块钱塞进了老板的手里，高高兴兴地走出商店。

女孩儿这个时候心里非常高兴，她想向所有人展示自己头上那朵美丽的头花。果然，这时候很多人的目光都集中在了她的身上，还纷纷议论："哪里来的女孩儿这么漂亮？"刚刚让她心动的男孩儿也走上前对她说："能和你做个朋友吗?"这时候的女孩儿异常兴奋,她轻轻捋顺了一下自己的头发,却发现那朵金边蓝底的头花并不在自己的头上,原来她在奔跑中把它搞丢了。

生活当中有很多事都是这样的,我们盲目地封闭自己,认为自己一无是处,认为自己很多事情都拿不出手,但是如果有一天你真的打开了封闭已久的那扇心门,遵从自己的心,听取自己心灵的声音,你就会发现原来自己还有那么多连自己都没有意识到的优秀特质。它一直都在我们身上,只不过我们因为封闭自己太久而没有将它很好地利用,而现在我们终于可以靠着这些优点快快乐乐地去生活了。

要提高对社会交往与开放自我的认识。交往能使人的思维能力与生活功能逐步地提高并得到完善;交往能使人们的思想观念保持新陈代谢;交往能丰富人的情感,维护人的心理健康。一个人的发展高度,决定于自我开放、自我表现的程度。克服孤独感,就要把自己想要交往的对象放开,既要了解他人,又要让他人了解自己,在社会交往中确立自己的价值,实现人生的目标,成为生活中真正的强者。

取悦谁都不如取悦你自己

人的本性趋向于寻求他人的赞美和肯定,尤其对于有威望或有控制力的对象(如父母、老师、上司、名人名流等),他们的赞美肯定更加重要。取悦者会沉迷于取悦行为所换得的肯定。这很好解释，如果某件事让人有了愉悦的体会，那他就可能持续做这件事，以便继续维持这种美好的感觉。

但，我们得到的感觉其实并不美好。

为了取悦别人而活着，最终必然丧失真正的自己。只有先取悦自己，做最好的自己，然后才能得到他人的喜欢和尊敬。

一位诗人，他写了不少的诗，也有了一定的名气，可是，他还有相当一部分诗没有发表出来，也无人欣赏。为此，诗人很苦恼。

诗人有位朋友，是位哲学家。这天，诗人向哲学家说了自己的苦恼。哲学家笑了，指着窗外一株茂盛的植物说："你看，那是什么花？"诗人看了一眼植物，说："夜来香。"哲学家说："对，这夜来香只在夜晚开放，所以大家才叫它夜来香。那你知道，夜来香为什么不在白天开花，而在夜晚开花呢？"诗人看了看哲学家，摇了摇头。

哲学家笑着说："夜晚开花，并无人注意，它开花，只为了取悦自己！"诗人吃了一惊："取悦自己？"哲学家笑道："白天开放的花，都是为了引人注目，得到他人的赞赏。而这夜来香在无人欣赏的情况下，依然开放自己，芳香自己，它只是为了让自己快乐。一个人，难道还不如一种植物？"

哲学家看了看诗人又说："许多人，总是把自己快乐的钥匙交给别人，自己所做的一切，都是在做给别人看，让别人来赞赏，仿佛只有这样才能快乐起来。其实，许多时候，我们应该为自己做事。"诗人笑了，他说："我懂了。一个人不是活给别人看的，而是为自己而活，要做一个有意义的自己。"

哲学家笑着点了点头，又说："一个人，只有取悦自己，才能不放弃自己；只要取悦了自己，也就提升了自己；只要取悦了自己，就能影响他人。要知道，夜来香夜晚开放，可我们许多人却都是枕着它的芳香入梦的啊。"

人，如果总是忙着取悦别人，去为别人的期望而生活，就会忽视自己的生活，忽视自己到底喜欢什么、到底想要什么、到底需要什么，最后，已经忽视了自己的存在。可是，你拥有自己的人生，这是你的一项权利，你为什么要放弃？你对自我的放弃，能换来的其实只是更多的蔑视和鄙夷。

所以，别老想着取悦别人，你越这样就越卑微。只有取悦自己，并让别人来取悦你，才会令你更有价值。一辈子不长，记住，对自己好点。

相信自己，你可以更好

生活困顿的人，往往都是受困于心理的高度。如果一个人认为自己没有资格拥有更好的东西，他就会开始敷衍工作和生活，对自己不会再有更高的要求与期望，这个人的能力也会随之逐渐萎靡。因为能力需要在追求的过程中不断激发才能成长，世上所有的伟大成就都源起于人们对于某个事物的追求。这种渴望不仅能够激发人的勇气，也让人在面对艰难险阻的时候愿意做出某些牺牲，甚至是自己的生命。这种渴望一旦被唤醒，内心的力量就会被开发、被激发，你就能活得更好。

在河北省廊坊市，一提起姜桂芝，人人都会竖起大拇指。

这个女人在44岁下岗了，当时，她的丈夫也失业在家，儿子正在读大学，她是家里的经济支撑，而下岗使得这个唯一的经济来源也被掐断了。她一下子迷茫了，她原本只想安安分分地等到退休，现在，她不知道这个家的出路在哪里。但是她知道，自己绝不能倒下，她还要继续支撑这个家。

她在街上摆了个摊，卖早餐。她是个腼腆害羞的女人，以前在单位，开会发言她都会脸红，说话吞吞吐吐的，惹得同事们放声大笑。现在，她不得不改变了，她的嗓门一下子大了起来，对着街上熙熙攘攘的人群，她硬着头皮高喊："卖油条啦，刚炸好的油条，油好面好口感好！""八宝粥，自家用心熬的八宝粥，又卫生又营养的八宝粥啦！"有些时候，她还会别出心裁地喊出些吸引人的词汇，引得来往的行人不断注目，生意比她之前想象的要好很多。一个月下来，她粗略地算了一下，差不多赚了 2300 块钱，这要比下岗前的工资多出 1000 多元，她的心里一下子敞亮起来了。虽然现在很辛苦，但她却很高兴，她觉得自己的生活能过得更好。

由于生意很好，她一个人确实忙不过来，就让丈夫和她一起出摊。丈夫爽快地答应了。夫妻俩同心协力，开始了新的人生旅程。他们从当街早餐开始，到租门面房卖小吃，再到开面食加工厂。仅仅用了 8 年的时间，她就从下岗女工摇身一变成了资产近千万的民营企业家。

在接受记者采访时，姜桂芝说了这样一段话："我实在想不到我的今天会是这么好，以前总觉得自己很平庸，做什么都不成，在单位混口饭吃就满足了。可一下岗，我整个人都变精神了，才觉得自己可以做很多的事情，可以做一番事业。如果不是下岗，恐怕我就要浑浑噩噩过一辈子了。"

不管生活给了我们怎样的残忍，如果我们敢于往上看，就能达到你自己都未曾想到过的高度。许多人举步维艰，往往就是因为他们严重低估了自己。他们思想的局限性，认为自己无用和愚蠢的想法，正是他们人生的最大枷锁。如果一个人自认为无能，那就没有任何力量可以帮助他去实现成功。

很多时候，正是我们自己把自己围在了城里，主观上的认识上的偏见、个性上的不足、客观上的陈规陋习等都制约着我们实现生命价值的最大化。如果我们想在一生中有所作为，我们就必须要学会不停地突围。

在寒日里，
心向太阳

　　这个世界从不缺少美丽与温暖，不管你现在经历着什么，不管你觉得世上有多少寒凉，倘若在寒冷的日子里经常看看太阳，你的心头就会充满阳光。

爱的咖啡冷却，心的温暖还需继续

爱，如同是一杯咖啡，闻起来香气怡人，品起来甘苦留喉，回味无穷，爱的滋味也不过如此。但是当爱的咖啡冷却的时候，闻不到那种清香的味道。这个时候，你更要想办法用心的温度来温暖这杯冷却的咖啡，让自己重新感受到品尝咖啡的滋味。爱的咖啡已经冷却，想办法吧，让心摆脱冷漠，变得温暖。

在现代社会中，说到"爱"，有些人会狭隘地以为是爱情，其实不然，爱包括的情感很多，爱情只是其中的一种。在一个简单的三口之家，最主要的情感就包括爱情、亲情。在一个简单的社会群体中，最常见到的情感或许是友爱。所以说，在不同的群体范围中，情感的种类也是不同的，侧重也是不同的。爱，不仅仅是男女间的爱情。

在人生成长的路上，你或许会看到很多的情感纠结。或许会因为这些"爱"，而让你感觉到心灰意冷。在这个时候，你要学会让自己变得更加坚强，想方设法不要让自己的心失去温度，即便自己伤得很深，也要学会感受外界的温暖，这样你才能够作出正确的抉择，才不会麻木。

有人说爱情就是一场华丽的舞台剧，在这台舞台剧中，你会感受到梦幻般的感觉，但是是舞台剧就会有结局，可能是一个梦幻一样的结局，也可能是一个悲伤的结果，所以说既然你让这台舞台剧上演，那么你就要接受它们的结局。不管结局是苦是甜，你都要接受，毕竟你是这台舞台剧的编剧和演员。当你发现自己设计的舞台剧的结局不是那么完美的时候，或许你会感受到爱情的苦涩，那么你就要学会让自己走出苦涩的结局，试着让自己的心变得释然，最终实现自己的抉择，为自己的爱情之路铺平道路。

"失去他的那段时间，感觉自己的生命变得黯淡，没有勇气再进行新的感情生活，感觉世界仿佛停止了，感觉不到自己的呼吸。"李晓梅这样说道。她和自己的男朋友相处了五年，五年里两个人心心相印地生活。两个人一起大学入学，一起大学毕业，一起找工作，一起吃饭。但是后来，男朋友渐渐疏远了她，渐渐地他开始有自己的秘密，渐渐地他心不在焉。后来，他提出了分手，原来他爱上了别人。面对男朋友的离开，她心痛到麻木。在开始的日子里，她甚至想到要自杀，但是她知道自己的全部人生不仅仅是男朋友。"面对感情，我不再那么轻易相信，但是虽然有点麻木，还是希望遇到一个能够陪伴自己到老的人，这或许就是所谓的爱情。"李晓梅说道。

友爱也是一种很伟大的爱，在很多时候友爱会给一个人带来力量，有友爱的支撑，一个人往往会感觉到生活中充满快乐和温暖。友情就像是一瓶红酒，时间越久或许会更耐品味，但是背叛友情也是常见的事情。在很多时候，有的人会有意无意背叛自己坚守的友情，这个时候会伤害到你的好友，所以说要让自己学会摆脱这种友情带来的伤害，从而作出正确的选择。

陈文杞和好朋友同在一家外贸企业工作，但是好朋友为了晋升，竟然将他出卖了，将他兼职的事情告诉了公司，因为公司有规定，在职人员是不允许兼职的。通过这件事情，陈文杞再也不相信友谊，他不会轻易相信任何人，更不会将谁看作是自己的朋友，做任何事情都十分谨慎，所以给别人的感觉总是难以相处，这对他的工作带来了很大的影响。

从这个简单的例子可以看出，虽然友情曾经让他失望，但是他也不应该将所有的失望都带到生活中，人生的路程是需要温暖的。由此可见，不管别人如何伤害自己，都要让自己的内心变得坚强，从而获得更多的温暖和阳光。

世界不会因为没有爱的存在而消失，时间也不会因为爱的冷却而停止。所以说一切都要照旧，一切都在继续，那么你又有什么理由放弃自己前进的步伐呢？在你的人生道路上，不管是遇到什么样的问题，也不管存在什么样的感情问题，都要记住，这些都不是阻碍你前进的理由。在你的人生道路上，能够阻碍你的只有你自己。当爱已经消失，你能够拥有的东西还在继续，而这种继续必然成为你存在的依据，也必然会体现你的价值，如果你依靠爱情来体现自己的价值，那么你的价值也太低了。所以说，爱的情感应该起到积极的作用，如果它不能够帮助你前进，那么你也不应该放弃自己的人生抉择，在正确的时候抛弃冷却的爱，让自己获得更大的能量，从而展现出辉煌的自己。

世界是爱的世界，只要你用心，你就会感受到爱的存在。所以不要自私的只是享受别人的爱，要学会付出自己的爱。当别人感受到你的爱的时候，他们或许会给你更多的帮助和关心。即便你得不到对方的爱和呵护，但是不要否定所有的人，要想办法让自己的心充满爱，释放爱，这样才会发现温暖的阳光总是在照射自己。

世界没有抛弃任何人

"抛弃"——当看到这一词时，你会想到些什么？是孤单？是无奈，还是无助？是否感觉阳光骤然间失去了往昔的温暖？是否感觉阴云在不断蔓延？是否眼中失去了所有色彩？是否感到天地间一片昏暗……恍惚间，仿佛一切将离我们远去，独自蜷缩在黑暗的角落，品尝"寂寞梧桐，深院锁清秋"的孤寂，任泪水在心中流淌……然而，这一切或许只是因为我们太过悲观。

有时你觉得自己已然被生活、被这个世界抛弃，其实并没有，因为这个世界处处弥漫着温暖，这一切足以融化你冰封的心。

一个在孤儿院长大的男孩讲述着他的故事：

我自幼便失去了双亲。9 岁时，我进了伦敦附近的一所孤儿院。这里与其说是孤儿院，不如说是监狱。白天，我们必须工作 14 小时，有时在花园，有时在厨房，有时在田野。日复一日，生活上没有任何调剂，一年中仅有一个休息日，那就是圣诞节。在这一天，每个人还可以分到一个甜橘，以欢庆基督的降世。

这就是一切，没有香甜的食物，没有玩具，甚至连仅有的甜橘，也唯有一整年没犯错的孩子才能得到。

这圣诞节的甜橘就是我们整年的盼望。

又是一个圣诞节，但圣诞节对我而言，简直就是世界末日。当其他孩子列队从院长面前走过，并分得一个甜橘时，我必须站在房间的一角看着。这就是对我在那年夏天要从孤儿院逃走的处罚。

礼物分完以后，孩子们可以到院中玩耍；但我必须回到房间，并且整天都得躺在床上。我心里是那么悲哀，我感到无比羞愧，我无声哭泣，觉得活着毫无意义！

这时，我听到房间有脚步声，一只手拉开了我蜷缩其下的盖被。我抬头一看，一个名叫维立的小男孩站在我的床前，他右手拿着一个甜橘，向我递来。我疑惑不解：哪儿多出的一个甜橘呢？看看维立，再看看甜橘，我真的被搞糊涂了，这其中必定暗藏玄机。

突然，我感觉到了，这甜橘已经去了皮，当我再近些看时，便全明白了，我的泪水夺眶而出。我伸手去接，发现自己必须好好地捏紧，否则这甜橘就会一瓣瓣散落。

原来，有 10 个孩子在院中商量并最后决定——让我也能有一个甜橘过圣诞节。

就这样，他们每人剥下一瓣橘子，再小心组合成一个新的、好看的、圆圆的甜橘。这个甜橘是我一生中得到的最好的圣诞礼物，它让我领会到了真诚、可贵的友情。重点在于，那些同伴并不愿意让这个"坏孩子"受到惩罚。

有时候，你感觉全世界都抛弃了你，可它并没有，它不会抛弃任何人，只是你，不愿接受这个世界。

一眼之别，就是两个不同的世界

世上没有任何事情是值得痛苦的，你可以让自己的一生在痛苦中度过，然而无论你多么痛苦，甚至痛不欲生，你也无法改变现实。

痛苦是一种过度忧愁和伤感的情绪体验。所有人都会有痛苦的时刻，但如果是毫无原因的痛苦，或是虽有原因但不能自控、重复出现，就属于心理疾病的范畴了。这时如果还不及时调整，一味的痛苦下去，就会出问题——你随时可能崩溃掉。

当下，痛苦俨然已经成为一种社会通病，几乎每个人都在叫嚷着"我好痛苦"，但大家想明白没有：令人感到痛苦的是什么？痛苦又能给人带来什么？毫无疑问，痛苦这种情绪消极而无益，既然是在为毫无积极效果的行为浪费自己宝贵的时光，那么我们就必须做出改变。不过，我们要改变的不是诱发痛苦的问题，因为痛苦不是问题本身带来的，我们需要改变的是对于问题的看法，这会引导我们走向解脱。

有一位朋友刚刚升职一个多月，办公室的椅子还没坐热，就因为工作失误被裁了下来。雪上加霜的是，与他相恋了五年的女友在这时也背叛了他，跟着别人走了。事业、爱情的双失意令他痛不欲生，万念俱灰的他爬上了以前和女友经常散步的山。

一切都是那么熟悉，又是那么陌生。曾经的山盟海誓依稀还在耳边，只是风景依旧，物是人非。

他站在半山腰的一个悬崖边，往事如潮水般涌上心头，"活着还有什么意思呢？"他想，"不如就这样跳下去，反倒一了百了。"

他还想看看曾经看过的斜阳和远处即将靠岸的船只，可是抬眼看去，除了冰冷的峭壁，就是阴森的峡谷，往日一切美好的景色全然不见。忽然间又是狂风大作，乌云从远处逐渐蔓延过来，似乎一场大雨即将来临。他给生命留了一个机会，他在心里想："如果不下雨，就好好活着，如果下雨就了此余生。"

就在他闷闷地抽烟等待时，一位精神矍铄的老人走了过来，拍拍他的肩膀说："小伙子，半山腰有什么好看的？再上一级，说不定就有好景色。"

老人的话让他再也抑制不住即将决堤的泪水，他毫无保留地诉说了自己的痛苦遭遇。这时，雨下了起来，他觉得这就是天意，于是不言不语，缓缓向悬崖走去。老人一把拉住了他："走，我们再上一级，到山顶上你再跳也不迟。"

奇怪的是，在山顶他看到了截然不同的景色。远方的船夫顶着风雨引吭高歌，扬帆归岸。尽管风浪使小船摇摆不定，行进缓慢，但船夫们却精神抖擞，一声比一声有力。雨停了，风息了，远处的夕阳火一样地燃烧着，晚霞鲜艳得如同一面战旗，一切显得那么生机勃勃。他自己也感到奇怪，仅仅一级之差、一眼之别，却是两个不同的世界。

他的心情被眼前的图画渲染得明朗起来。老人说："看见了吗？绝望时，你站在下面，山腰在下雨，能看到的只是头顶沉重的乌云和眼前冰冷的峭壁，而换了个高度和不同的位置后，山顶上却风清日丽，另一番充满希望的景象。一级之差就是两个世界，一念之差也是两个世界。孩子，记住，在人生的苦难面前，你笑，世界不一定笑，但你哭，脚下肯定是泪水。"

几年以后，他有了自己的文化传播公司。他的办公室里一直悬挂着一幅山水画，背景是一老一少坐在山顶手指远方，那里有晚霞夕阳和逆风归航的船只。题款为"再上一级，高看一眼"。

当人生的理想和追求不能实现时、当那些你以为不能忍受的事情出现时，请换一个角度看待人生，换个角度，便会产生另一种哲学，另一种人生观。

一样的人生，异样的心态。换个角度看待人生，就是要大家跳出来看自己，跳出原本的消极思维，以乐观豁达、体谅的心态来观照自己、突破自己、超越自己。你会认识到，生活的苦与乐、累与甜都取决于人的一种心境，牵涉到人对生活的态度，对事物感受。你把自己的高度升级了，跳出来换个角度看自己，就会从容坦然地面对生活，你的灵魂就会在布满荆棘的心灵上作出勇敢的抉择，去寻找人生的成熟。

魅力来自美好的心灵

也许你不够漂亮，也许你不够潇洒，那你也大可不必为此自卑，只要你拥有一颗美好的心灵，你就拥有了吸引人的魅力。

丑女东施效仿西施"捧心而颦"，但人们都只说西施漂亮，见了东施却远而避之。这是为什么呢？为什么西施颦很美，东施颦却不美呢？两个动作完全相同，但效果却大相径庭，单单是因为西施本来就比东施漂亮吗？这只不过是原因之一，还有一个更重要的原因：西施的动作是真实的，她因心病而颦，自然之中流露出美；东施捧心而颦，只是一味地模仿，给人的感觉不是美，而是做作。所以，人们对待她们的态度也就截然不同。

"爱美之心，人皆有之"，扮美无可厚非。但外表的美是一种"浮华"，内在的美才是"沉香"。德国著名文学家歌德说："外貌美只能取悦一时，内在美才能够经久不衰。"外表的欠缺不能代表什么，再美的容颜也会有褪色的一天。蕴于内心深处的美德，却可历久弥馨。正所谓"满腹诗书气自华"，你不必因你表面的不足计较什么，真正的美在你心里。

只要你相信自己是最美的，你就肯定会变成最美的，因为自信能带给你红润的脸色、明亮的眼神、洒脱的举止、优雅的风度……只有走出不停掩饰的心理误区后，才能让你的美丽不打折扣地显示出来，使人为之心动。

面对人世的许多事你无力回天，许多缺失你无法挽回，自卑、自怜无济于事。但你可以选择爱你的"心"，让你的心完美。也许你没有财富，也许你没有幸福的家庭，也许你没有亮丽的容颜，但你一样可以让自己发光。

当美国的黄热病疯狂蔓延时，玛格丽特活了下来，成了一个孤儿。她在年纪不大时就嫁人了，但不久她的丈夫死去了，她唯一的孩子也死去了。

她非常贫穷，没有文化，除了自己的名字以外几乎什么都不会写。于是她就到女子孤儿收容所去谋生。她从早到晚地忙个不停，将整个生命都投入照顾这些孤儿的工作中去了。当一家新的漂亮的收容所建造起来以后，玛格丽特和这些修女从原先艰苦的条件下摆脱了出来。

后来，玛格丽特还在这个城市开了一家属于自己的乳品面包店。这个城市中的每个人都认识她，他们还资助她去购买运奶的小车和烤面包炉。玛格丽特非常努力地工作着，将节省下来的每一分钱都用来帮助那些孤儿，因为她已经把这些孤儿当成自己的亲生孩子了。而她自己从来就没有买过一件丝绸衣服，也没有戴过一双羊皮手套。但她的努力最终也得到了回报。她离开人世后，这座城市就为这位孤儿的朋友和保护者建造了一座美丽的纪念雕像，以表达对这个美丽的、无私的人的感激之情。

玛格丽特不曾拥有世人眼中的一切美好，但她却是最美的。因为她不曾因外表的一切而自卑、惰怠，她爱自己的"心"。这颗心让她在困苦的环境里给予别人、珍爱别人，因而她是伟大的。别人也许拥有了她没有的，而她却拥有了别人得不到的。

生命的价值也许并不仅仅体现在强大的财力、曼妙的姿容、健康的体魄……更本质的是，生命是否可以超越平凡，升入到更高的境地。在更高的天空，彩虹的美是有目共睹的。因为，只有经历过风雨的洗礼，生命才更美丽，才更能显示出它宝贵而华美的价值，才更凸显出美的含义。

涛的双腿残疾，但他的心情似乎从未因此而沉闷、忧郁，他在每日的黄昏都会吹响他心爱的笛子。

乐声像清晨的光芒，从他修长的手指间倾泻而出。那些欢快的、像露珠般纯洁、像水晶般剔透的音符感染着附近的居民，给他们木然而单调的生活增添了一些鲜活的色彩。因为涛的笛声，人们发现天空是那么明丽，生活是那么轻松惬意。

那个时候，在炎热的夏夜，涛的笛声四处回旋，让人们忘却了白天工作的紧张、劳累和压抑。在灰色又琐碎的生活背后，普通人因涛的笛声而感到安详、快乐，而涛对每一天充满期待，对每一个邻居充满笑意和感谢。

涛只活到 30 岁，但他的生命历程到今天都没有消失。在那条街，只要有音乐，有夏夜的星空，就有涛临窗而坐的影子，有他蓬勃的生命力。

他常说一句话："我的脚不能走路了，我的音乐可以和人们一道走得更远。"

涛的生命是短暂的，并且在这短暂的生命里失去了走路的权利。但人们永远记得他的笛声，记得他带给别人的安详和快乐。

今生，不论你能走多远，不论你能得到多少生命的馈赠，爱你的"心灵"，别让它沾染人世的黑暗，别让它因为受苦而不再充满活力。

请在寒冷的日子里经常看看太阳

无论发生什么事情，都不要愤愤不平、满怀忧虑，不要对过去耿耿于怀，对未来忧心忡忡，只要在寒冷的日子里经常看看太阳，那么你的忧虑和悲伤就会消失。

面对阳光，你就看不到阴影，每一个人都有不同的性格，有的人乐观，有的人悲观。乐观的人凡事都往好处想，抱持乐观的看法；悲观的人凡事都往坏处想，好像这世界糟糕得不得了。

其实，世界上没有绝对的乐观，也没有绝对的悲观。乐观、悲观，当然有外在的因缘，但多数都是自己创造出来的。

有一个年轻的国王，出外打猎的时候被老虎咬去了一节手指，问身边的大臣该怎么办。大臣用乐观、轻松的口气说："这没什么不好啊！"国王闻言大怒，怪他幸灾乐祸，因此将他关入大牢。

一年后，国王再次出外打猎，被土著民族活捉，将他绑上祭坛，准备祭神。在这危急时刻，巫师突然发现国王少了一节手指，认为这是不完整的祭品，就将国王释放，改以国王随行的大臣献祭。国王逃回本国之后，在庆幸之余，想起了牢中乐观的大臣曾经说自己断指是好事，就立刻将他释放，并对他无辜受了一年的牢狱之灾致歉。这位大臣却说："一年的牢狱之灾也是好事，如果我不是坐牢，试想陪陛下出猎而被送上祭祀台的大臣不是我会是谁呢？"

可见好事不一定全好，坏事也不一定全坏。凡事可以变好，凡事也可以变坏。面对金黄的晚霞映红半边天的情景，有人叹息"夕阳无限好，只是近黄昏"，也有人想到的却是"莫道桑榆晚，晚霞尚满天"。面对100

块钱，有人遗憾地说："只有这么点儿钱了。"有人庆幸地说："尚好，还有100块可用。"不同的人对同一件事有不同的心情，不同的心情必然有不同的结果。

我们每个人都有自己的生活，都有选择精彩人生的机会，关键在于你的态度。态度决定人生，这是唯一真正属于你的权利，没有人能够控制或夺去的东西就是你的态度。如果你能时时注意这个事实，你生命中的其他事情都会变得容易许多。

有一个70多岁的老婆婆，她最疼爱的小孙女不幸病死了，大家以为老婆婆应该很伤心，然而，老婆婆居然每一天过得都很快乐。有人就奇怪地问老婆婆："小孙女走了怎么不见你悲伤呢？"老婆婆说："我已经是70多岁的人了，没有几天了。在这个世界上，与其每一天都在悲痛中度过，不如在回忆与我的小孙女在一起的快乐时光中度过，这样别人对我的担心也会少些。"

这位老婆婆对待生活的态度，值得我们每一个人学习。人的一生总要遇到这样那样的不幸。我们应怎么面对这些不幸呢？逃避，自欺欺人或者整日躲在自己的小哀小愁里面蹉跎岁月？如果你是个积极的人，你不会因为失去一部分就失去整个世界。即使你一无所有，只要你还有乐观的心，你依然拥有世界上的草木、阳光、空气。

一代文豪苏东坡在被贬谪到海南岛的时候，岛上的孤寂落寞，与当初的飞黄腾达相比，简直判若两个世界。但苏东坡却认为，在孤岛上生活的，也不只是他一人；大地也是海洋中的孤岛！就像一盆水中的小蚂蚁，当它爬上一片树叶，这也是它的孤岛。所以，苏东坡觉得，只要能随遇而安，就会快乐。

苏东坡在岛上，每吃到当地的新鲜水果，他就庆幸自己能到海南岛。甚至他想，如果朝中有大臣早他而来，他怎么能独自享受如此的美食呢？所以，凡事往好处想，就会觉得人生快乐无比。人生没有绝对的苦乐，只要凡事肯向好处想，自然能够转苦为乐、转危为安。

消极的人总是在抱怨，积极的人总是在希望。消极的人等待着生活的安排，积极的人主动安排、改变生活。而积极的心态是快乐的起点，愉快地接受意想不到的任务，悦纳意想不到的变化，宽容意想不到的冒犯，做好想做又不敢做的事，获得他人所企望的发展机遇，你自然也就会超越他人。而如果让消极的思想压着你，你就会像一个要长途跋涉的人背着无用的沉重大包袱一样，一定会因此失掉许多唾手可得的机遇。

十全十美的畅想，
换回了多少感伤

　　人生没有完美，只有完善；
事情没有十全十美，只有尽量。
总有期待到失望，总有梦想到
落空，抱一颗豁达的心，直面
生命中的缺憾。

缺憾也是人生的一部分

缺憾也是我们人生的一部分，为了一点点缺憾而否定自己，实在是一件很傻的事。只有不为缺憾耿耿于怀，我们才能好好享受生活。

世界上没有十全十美的人，这一点很多人都懂，但他们却还是整天为自己的缺憾烦恼。其实如果把人看成一张白纸的话，那么你的缺憾就是纸上的一个小黑点。为什么你只盯着黑点，却没有注意到黑点外的白纸呢？

很久以前的南亚某国，有一位先生娶了一个婀娜多姿、娇美柔媚的太太。两人情如金石，恩恩爱爱，是人人称美的神仙美眷。这位太太身材高挑、眉眼俊秀，又十分的温柔贤淑，美中不足的是长了个酒糟鼻子，好像失职的艺术家对于一件原本足以称傲于世间的艺术精品，少雕刻了几刀，显得非常的突兀怪异。

这位先生总为太太的鼻子觉得遗憾，便一心想着弥补这个缺憾。他是一个商人，整日在外奔波，一日他行经贩卖奴隶的市场，只听宽阔的广场上空叫卖声此起彼伏，四周人群摩肩接踵。他们竞相吆喝出价，疯抢奴隶。这位先生走到广场一侧，发现了一个身材单薄、瘦小清癯的女子，正以一双水汪汪的泪眼，怯生生地环顾着这群如狼似虎、决定她一生命运的人。这位商人仔细端详着女孩子的容貌，突然间，他的双眼一亮，太好了，这女子脸上长着一个端端正正的鼻子！他不计一切买下她！

这位丈夫以高价买下了长着端正鼻子的女孩子，兴高采烈地带着女孩子日夜兼程赶回家里，想给心爱的妻子一个惊喜。到了家中，把女孩子安顿好之后，他用刀子割下了女孩子漂亮的鼻子，然后，拿着血淋淋而温热的鼻子，大声疾呼：

"太太，快出来哟，看我给你买回来了最宝贵的礼物！"

"什么样贵重的礼物，让你如此大呼小叫的？"太太狐疑不解地应声走出来。"喏，你看！我为你买了个端正美丽的鼻子，你戴上看看。"

说话间，丈夫抽出怀中锋利的匕首，"嚓"的一下将太太的酒糟鼻子割了下来。霎时太太的鼻梁血流如注，酒糟鼻子掉落在地上。丈夫赶忙用双手把端正的鼻子嵌贴在伤口处，但是无论丈夫如何的努力，那个漂亮的鼻子始终无法粘上妻子的鼻梁。

可怜的妻子既得不到丈夫苦心买回来的端正而美丽的鼻子，又失掉了自己那虽然丑陋，但却是货真价实的酒糟鼻子，并且还受到无辜的刀刃创痛。而那位糊涂丈夫的愚昧无知可恨又可悲。

有些事可以通过努力改变，有些事无论如何努力都难以改变。对于我们不能改变的，不管喜欢与否，我们只能接受它们，不要抗拒。世界就是这样，事情就是这样，他人就是这样，我们应当把这些当成事实来接受。对此，我们可以心怀疑虑或好奇，可以保有提问的权利，但不要执着地去改变什么。

人生确实有许多不完美之处，每个人都会有这样或那样的缺憾。其实，没有缺憾我们就无法去衡量完美。仔细想想，缺憾其实不也是一种完美吗？

生活不是上帝为了原谅我们而故意设下的陷阱，生活也不像拼写游戏，不管你对了多少，错了一个就不合格。生活更像棒球赛，即使最好的球队也会输掉1/3的比赛，最差的球队也有它辉煌的一天。我们的目的就是赢多负少。

过于追求完美，就会陷入无尽的烦恼中

生活中有很多完美主义者，他们希望自己所拥有的一切都是完美无缺的，但是世界上哪有十全十美的事情，于是他们只能在不完美里哀叹，成为不快乐的人。

追求完美几乎是现代人的通病，有些人自以为尽善尽美，殊不知自己正是最可怜的人，因为他们是在追求不完美中的完美，而这种完美根本不存在。

一位激励大师曾做了一次演讲，她说有个有洁癖的女孩，因为怕有细菌，竟自备酒精消毒桌面，用棉花细细地擦拭，唯恐有遗漏。

这位有洁癖的女孩，难道不知道人体表面就布满细菌，比如她自己的手可能就比桌面脏吗？

"我真想建议她，干脆把桌子烧了最干净！"

在一家餐厅里，也有对母子因为怕椅子脏，而不敢把手袋放在椅子上，但人却坐在椅子上；要上菜时，因为手袋占太多桌面，而菜没处置放，服务员想将手袋放在椅子上，马上被阻止："别忙了，我们有洁癖，怕椅子不干净。"

上完菜后，一旁的客人实在忍不住，问："有洁癖还来餐厅吃饭？自己煮不是比较安心？"

"吃的东西还不要紧，用的东西我们就比较小心了。"

天啊，这是什么回答！吃的东西不是反而更应小心吗？

追求完美是件好事，但如果过头了，反而比不追求完美更糟。世界上有太多的完美主义者了，他们似乎不把事情做到完美就不善罢甘休似的。而这种人到了最后，大多会变成灰心失望的人。因为人所做的事，本来就不可能有完美的。所以说，完美主义者根本一开始就在做一个不可能实现的美梦。

他们因为自己的梦想老是不能实现而产生挫折感，就这样形成一个恶性循环，最后使这个完美主义者意志消沉，变成一个消极的人。

如果你花了许多心血，结果还是毫无所获的话，不妨把这件事暂时丢下不管。如此一来，你就有时间来重整你的思绪，接下来就知道下一步该怎么走了。"既然开始了就要把事情做好"这种想法固然没错，可是如果过于拘泥，那么不管你做些什么都将不会顺利的。因为太过于追求完美，反而会使事情的进行发生困难。

武田信玄是日本战国时期最懂得作战的人，连织田信长也相当怕他，所以在信玄有生之年当中，他们几乎不曾交过战。而信玄对于胜败的看法实在相当有趣，他的看法是："作战的胜利，胜之五分是为上，胜之七分是为中，胜之十分是为下。"这和完美主义者的想法是完全相反的。他的家臣问他为什么，他说："胜之五分可以激励自己再接再厉，胜之七分将会懈怠，而胜之十分就会生出骄气。"连信玄终身的死敌上杉彬也赞同他这个说法。据说上杉彬曾说过这样一句话："我之所以不及信玄，就在这一点之上。"

实际上，信玄一直贯彻着胜敌六七分的方针。所以他从 16 岁开始，打了 38 年的仗，从来就没有打败过一次。而自己所攻下的领地与城池，也从未被夺回去过。将信玄的这个方针奉为圭臬的是德川家康。如果没有信玄这个非完美主义者的话，德川家族 300 年的历史也不一定存在。要记得，不能忍受不完美的心理，只会给你的人生带来痛苦而已。

有些人很勉强自己，不愿做弱者，只愿逞强，努力做许多别人期待而自己却不愿做的事，这种人才是真正的弱者。别人一对你抱期望，你就怕辜负了人，硬是勉强也要兑现承诺，到头来才发现，原来是自己太软弱。

从根本上必须承认的是自己的心。只有承认软弱，才可能坚强；只有勇敢地面对人生的不完美，才能创造完美的人生。

荣获奥斯卡最佳纪录片的《跛脚王》，是叙述脑性麻痹患者丹恩的奋斗故事。丹恩主修艺术，因为无法取得雕刻必修学分，差点不能毕业。在他求学时，有两位教授当着他的面告诉他，他一辈子都当不了艺术家。

即便如此，他仍不怨天尤人，努力地与环境共存，乐观地面对人生。他终于大学毕业，拿到了家族里的第一张大学文凭。

丹恩说，许多人认为残障代表无用，但对他而言，残障代表的是奋斗的灵魂。

过于追求完美，你就会陷入无尽的烦恼中；而放弃对完美的苛求，你却可以过上一种富有意义的生活。怎样做对你更好呢？聪明的你一定会作出正确的抉择。

世界正是因为缺陷而美丽的

人生路上有很多东西值得我们去欣赏，有时"残缺"未尝不是一件好事。倘若一味苛求"完美"，不懂舍弃，人生是不是就少了很多靓丽的风景呢？

一个人对自己和他人要求过高，力求完美，在这里就称这种性格为完美主义。完美主义的性格首先表现为固执、刻板、不灵活，给自己或他人设定一个很高的标准，非要达到不可，受到挫折就感到很痛苦，不能接受。

一个著名汽车制造公司的总经理就是这样的人，虽然他们公司的销售还不错，但离他的高标准有些差距，他不能忍受，跳楼自杀了。有位软件设计工程师在编程序时要求自己像写古诗一样把字节写得都一样长，即使他整日整夜地苦思冥想，但在工作效率上却无法见到效果。

很多家长因望子成龙的心情，督促孩子利用所有时间学习，不要贪玩，结果孩子们很反感，产生逆反心理，厌学逃学，总也玩不够。所以，完美主义的人应该把目标和方法定得灵活一些，要有一种"退一步海阔天空"的心理准备，这条路走不通可以走那条，不要在一棵树上吊死，钻牛角尖。

完美主义的人往往不愿意接受自己或他人的弱点和不足，非常挑剔。有的人没有什么好朋友，总也找不着对象，和谁也合不来，经常换单位，那是因为他谁也看不上，甚至会因为别人的一些小毛病，而忽略了别人的主要优点；有的人不允许自己在公共场合讲话时紧张，更不能容忍自己紧张时不自然的表情，一到发言时就拼命克制自己的紧张，结果越发紧张，形成恶性循环；有的人不允许自己身体有丝毫不舒服，总怀疑自己得了重病，经常去医院检查。其实，每个人都有缺点和不足，都会有紧张、不适的体验，这是正常的表现，必须学会接受它们，顺其自然。如果非要和自然规律抗衡，必然会愈抗愈烈。

完美主义的人表面上很自负，内心深处却很自卑。他看不到优点，只盯着缺点，总是不知足，很少肯定自己，自己就很少有机会获得信心，当然会自卑了。不知足就不快乐，痛苦就常常跟随着他，周围的人也一样不快乐。学会欣赏别人和欣赏自己是很重要的，是使人进一步实现下一个目标的基石。

完美主义的人容易只顾细节而忘记了主要目标，通常让别人觉得他捡了芝麻丢了西瓜，工作常常因此而没有效率。许多时候，你要让自己"豁出去"。

完美主义性格的形成和早期教育有很大关系，但成年后还是可以有意识地进行调整。只有充分认识到生活中没有十全十美，才能看到生活中美好的东西。

有个圆丢了一块，而变得残缺不全。它很苦恼，它想恢复自己的完整，于是便日复一日地寻找自己遗失的碎片。因为残缺，圆无法像以前一样快速滚动，但如此一来，它沿途却欣赏到了很多风景——山花是那样烂漫，流水是那样清澈……

圆一路找到很多碎片，但都不是自己的，装在身上显然不合适，所以它只能继续寻找。终于有一天，圆找到了属于自己的碎片，它很兴奋，因为自己又可以像以前一样飞速滚动了。然而滚着滚着，圆发现，路途中似乎缺少了什么。于是圆停下来努力回忆，终于，它恍然大悟：由于自己的完整、自己的高速，已然无暇再欣赏路边的风景了。思索片刻，圆毅然将好不容易找到的碎片丢在路旁，继续慢慢地向前滚动……

似乎，这世界上的每一个人都在潜意识中竭力追求着完美，但遗憾的是，我们迎来的却是一个又一个的不完美，一个又一个的遗憾。将完美当作理想的寄托点，这自然无可非议，但若过分执着于完美，就一定会让自己彻底迷失，因为理想中的完美绝对是虚无缥缈的，任何一种真实的事物都有它不可避免的缺陷。

昙花纵然美丽，但也只能刹那绽放；牡丹虽然雍容华贵，但未免有几分华而不实；维纳斯之美令世人赞叹，但却少了一双臂膀。这尘世之物，完美与缺陷一直同生共存，相互衬托。

或许有人认为，世界的不完美多少令人感到有些遗憾，但事实上，世界正是因缺陷而美丽的！盘古未生之时，天地间混沌一片，看似浑然一体，实则毫无生趣。正是盘古那开天辟地的一斧，辟出了缺陷，辟出了世人赖以生存的大千世界，谁又能说这一斧劈得不好呢？同样，昙花之美，就美在它的短暂，一如流星，稍纵即逝，留给人的便是无限的回味与美丽的记忆，这缺陷美得令人慨叹！

承认并正视自己的不完美

在人世间，人是注定要与缺陷相伴，而与完美相去甚远的。所以不完美是人生的常态，承认自己的不完美是一种豁达、成熟，更是一种智慧！

人无完人，每个人都会有一些缺陷：外貌上的，性格上的，经历上的……当一个人懂得承认自己的不完美时，他也就真正地成熟起来了。

薛女士已经35岁了，两年前丈夫不幸病故。家里人都执意让她再找一个意中人，热心的朋友也劝她早日结束独身生活。薛女士虽然也看过几个对象，但都没有成功。原因是薛女士和别人见面后，总是先把自己的缺陷和盘托出，表露无遗，令一些人"望而却步"。她的朋友数落她时，她却振振有词："年轻时搞对象都没有装模作样过，老了更不用掩饰，我就是这么样一个有瑕疵的女人，先让对方看清楚点不好吗？"后来薛女士还真找到了一位心心相印的意中人，据说对方就是看中了薛女士毫不掩饰、勇于承认缺陷的优点，认为这人难得的实在。由于薛女士事前把自己的缺陷毫无保留地告知对方，对方"扬长避短"，两人配合默契，生活得很美满。朋友们都说，实在人有实在命，薛女士这是用袒露缺陷换来了幸福。

人有缺陷并不可怕，可怕的是刻意掩饰，自欺欺人。薛女士不是这样，在对方面前大胆袒露自己的缺陷，出自内心的真诚和对别人的信任。她坦荡的真诚理所当然也换来了对方的信赖与爱慕。把自己的缺陷袒露人前，也就同时把自己的真诚毫无保留地献给了对方。在日常生活中往往有这样的情况，越是刻意掩饰自己的缺陷，自己活得越累，有时甚至还显得很尴尬。这是因为缺陷是客观存在的，掩饰往往会弄巧成拙。薛女士真诚袒露缺陷的结果，使对方理解她的缺陷，接纳她的缺陷，还有意识地弥补她的缺陷，这正是他们后来生活幸福和谐的基础。

缺陷或大或小，或多或少，人人都有。然而，面对缺陷，大多数人是去掩饰。掩饰缺陷也许是人的天性，毕竟能在大庭广众之下袒露自己缺陷的人实属不多。因此，袒露缺陷确实需要勇气，要战胜自己的懦弱，战胜自己的虚荣，还要战胜世俗的偏见。所有这些，没有超人的勇气是万万做不到的。

中国台湾著名作家、画家刘墉在教国画的时候，发现有些学生极力掩饰自己作品上的缺点，有时画得差，干脆就不拿出来了。遇到这种情况，刘墉会对他们说："初学画总免不了缺点，否则你们也就不必学了！这就好比去找医生看病，是因为身体有不适的地方，看医生时每个病人总是尽量把自己的症状说出来，以便医生诊断。学画交作业给老师，则是希望老师发现错误，加以指正，你们又何必掩饰自己的缺点呢？"

有一个男人，单身了半辈子，突然在43岁那年结了婚。新娘跟他的年纪差不多，以前是个歌星，曾经结过两次婚，都离了，现在也不红了。在朋友看来，觉得他挺亏的，这不是一个好的选择，因为新娘身上的瑕疵太多了。

有一天，他跟朋友外出，一边开车、一边笑道："我太太前面嫁个广州人，后又嫁个上海人，还在演艺圈打拼了20年，大大小小的场面见多了，现在老了、收了心，没有以前的娇气、浮华气了，却做得一手好菜，又懂得料理家务。说老实话，现在正是她最完美的时候，反而被我遇上了，我真是幸运呀！"

"你说得挺有道理的！"朋友陷入沉思。

他拍着方向盘，继续说："其实想想我自己，我又完美吗？我还不是千疮百孔，有过许多荒唐事，正因为我们都走过了这些，所以两人都变得成熟，都懂得忍让，都彼此珍惜，这种不完美正是一种完美啊！"

正因为这位男士能够承认自己的不完美，他才不苛求爱人的完美，结果两个有瑕疵的人才能凑到一起，组成一个幸福的家庭。从某种意义上看，人就是生活在对与错、善与恶、完美与缺陷的现实中，我们既然能从自己非常优秀与完美的现实中受益，为什么就不能从自己的缺陷中受益呢？

我们应该明白有缺陷并不是一件坏事，那些自认为自身条件已经足够好以至于无可挑剔、不必改变现状的人往往缺乏进取心，缺少超越自我追求成功的意志。相反，承认自己的缺陷，正确认识自己的长处与短处，却可以使我们处在一种清醒的状态，遇事也容易做出最理智的判断。

接纳并欣赏自己的不完美

欣赏自己的不完美，因为它是你独一无二的特征。欣赏自己的不完美，因为有了它才使你不至于平庸。不完美使你区别于人，世界也因你的不完美而多了一点色彩。

人生确实有许多不完美之处，每个人都会有这样或那样的缺憾。其实，没有缺憾我们就无法去衡量完美。那么，我们为什么不去欣赏自己的不完美呢？

一位人力三轮车师傅，50多岁，相貌堂堂，如果去当演员，应该属偶像派。当别人问他为什么愿做这样的"活儿"，他笑着从车上跳下，并夸张地走了几步给人家看，哦，原来是跛足，左腿长，右腿短，天生的。

问者很尴尬，可他却很坦然，仍是笑着说，为了能不走路，拉车便是最好的伪装，这也算是"英雄有用武之地"。他还骄傲地告诉别人："我太太很漂亮，儿子也帅！"

有这样一位女子，她喜欢自助旅行，一路上拍了许多照片，并结集出版。她常自嘲地说："因为我长得丑，所以很有安全感，如果换成是美女一个人自助旅行，那就很危险了。我得感谢我的丑！"

英国有位作家兼广播主持人叫汤姆·撒克，事业、爱情皆得意，但他只有1.3米。他不自卑，别人只会"走"，他会"跳"，所以，他成功了。他有句豪言："我能够得到任何想要的东西。"

其实，在人世间，很多人注定与"缺陷"相伴，而与"完美"相去甚远的。渴求完美的习性使许多人做事比较小心谨慎，生怕出错，因此，必然导致其保守、胆小等性格特征的形成。在现实生活中，我们不难发现，有的人长得一表人才，举止得体，说话有分寸，但你和他在一起就是觉得没意思，连聊天都没丝毫兴致。这些人往往是从小接受了不出"格"的规范训练，身上所有不整齐的"枝杈"都给修剪掉了，于是便失去了独具个性的风采和神韵，变得干巴、枯燥、没有生机，没有活力。客观地说，人性格上的确存在着"缺陷美"，即在实际生活中，那些性格有"缺陷"而绝对不属于十全十美的人反而显得更具有内在的魅力，也更具有吸引力。

不仅人自身是不完美的，我们生活的世界也是充满缺憾的。比如，有一种风景，你总想看，它却在你即将聚焦的时候巧妙地隐退；有一种风景，你已经厌倦，它却如影随形地跟着你；世界很大，你想见的人却杳如黄鹤；世界很小，你不想看见的人却频频进入你的视线；有一种情，你爱得真、爱得纯，爱得你忘了自己，而他（她）却视如垃圾，如果能够倒过来，多好，可以让自己不再忍受痛苦。世上有许多事，倒过来是圆满，顺理成章却变成了遗憾。然而，世上的许多事情正是在顺理成章地进行着，我们没办法将它倒过来。

缺陷和不足是人人都有的，但是作为独立的个体，你要相信，你有许多与众不同的甚至优于别人的地方，你要用自己特有的形象装点这个丰富多彩的世界。也许你在某些方面的确逊于他人，但是你同样拥有别人无法企及的专长，有些事情也许只有你能做而别人却做不了！

学会欣赏自己的不完美，并将它转化成动力，才是最重要的。

中国古代哲学家杨子曾对他的学生们说："有一次，我去宋国，途中住进一家旅店里，发现人们对一位丑陋的姑娘十分敬重，而对一位漂亮的姑娘却十分轻视。你们知道这是为什么吗？"学生们听了之后说什么的都有。杨子告诉他们，经过打听才知道，那位丑陋的姑娘认为自己相貌差而努力干活，而且品格高尚，因此得到人们的敬重；那位漂亮的姑娘则认为自己相貌美丽，因而懒惰成性，且品行不端，所以受到人们的轻视。

其实，做人的道理也是这样，是否被人尊敬并不在于外貌的俊与丑。美绝不只是表面的，而有着更深层次的内涵。如果表面的美失去了应该具有的内涵，就会为人们所舍弃，那位漂亮姑娘就是最好的例证。勤能补拙，也能补丑，这是那位丑姑娘给我们的启示。

爱情怎会十全十美

寻找完美的爱情时，你会在无意间丢掉你本该得到的幸福。还是留意一下身边的平淡，抓住现在就能得到的幸福吧。

很久以前，一位方丈想从两个徒弟中选一个做衣钵传人。

一天，大师对徒弟说："你们出去给我拣一片最完美的树叶。"两个徒弟遵命而去。

时间不久，大徒弟回来了，递给大师一片并不漂亮的树叶，对大师说："这片树叶虽然并不完美，但它是我看到的最完整的树叶。"

二徒弟在外转了半天，最终空手而归，他对大师说："我见到了很多很多的树叶，但怎么也挑不出一片最完美的……"

最后，大师把衣钵传给了大徒弟。

现实生活中女人寻找的是"白马王子"，男人寻找的则是才貌双全的"人间尤物"，他们寄予爱情与婚姻太多的浪漫，这种过于理想化的憧憬，使许多人成了爱情与浪漫的俘虏。

其实，十全十美的人在现实生活中根本不存在，有些人，特别是女性，往往容易一味沉溺于罗曼史所带给她们的短暂刺激之中。其实爱情可以让人创造奇迹，也可以令人陷入盲目，要知道美满的爱情不是那些日思夜想的白日梦，而且即使再美丽的梦想也不过是一个梦而已。脱离实际的幻想，超乎现实的理想化，往往使爱情失去真正的色彩。

燕子、明明、小雪是好得不能再好的闺中密友，三人中燕子长得最美，小雪最有才华，只有明明各方面都平平。三个人虽说平时好得恨不能一个鼻孔出气，但是在择偶标准上，三个人却产生了极大的分歧。燕子觉得人生就应该追求美满，爱情就应该讲究浪漫，如果找不到一个能让自己觉得非常完美的爱人，那么情愿独身下去。而小雪则觉得婚姻是一辈子的大事，必须找一个能与自己志趣相投的男人才行。只有明明没有什么标准，她是个淳朴又实际的人——对婚姻不抱不切实际的幻想，对男人不抱过高的要求，对人生不抱过于完美的奢望，她觉得两个人只要"对眼"，别的都不重要。

后来，明明遇到了陈军，陈军的长相、才情都很一般，属于那种扎在人堆里就会被淹没的男人，但他们俩都是第一眼就看上了对方，而且彼此都是初恋的对象，于是两个人一路恋爱下去。对此燕子和小雪都予以强烈的反对，她们觉得像明明这样各方面都难以"出彩"的人，婚姻是她让自己人生辉煌的唯一机会，她不应该草率地对待这个机会。但是明明觉得没有人能够知道，漫长的岁月里，自己将会遇见谁，亦不知道谁终将是自己的最爱，只要感觉自己是在爱了，那么就不要放弃。于是明明 25 岁时与陈军结了婚，26 岁时做了妈妈。虽说她每天都过得很舒服、很幸福，但她还是成为了女友们同情的对象。燕子摇头叹息："花样年华白掷了，可惜呀！"小雪撇着嘴说："为什么不找个更好的？"

当年的少女被时光消耗成了三个半老徐娘，燕子众里寻他千百度，无奈那人始终不在灯火阑珊处，只好让闭月羞花之貌空憔悴。而小雪虽然如愿以偿，嫁给了与自己志趣相投的男士，但无奈两个人虽然同在一个屋檐下，却如同两只刺猬般不停地用自己身上的刺去扎对方，遍体鳞伤后，不得不离婚。离婚后，除了食物之外，她找不到别的安慰，生生将自己昔日的窈窕，变成了今日的肥硕，昔日才女变成了今日的怨女。只有明明事业顺利，家庭和睦，到现在竟美丽晚成，时不时地引来路人欣赏的目光。

燕子认为完美的爱人、浪漫的爱情，能使婚姻充满激情、幸福、甜蜜，其实不然，完美的爱人根本就是水中月镜中花，你找一辈子都找不到，况且即使你找到了自己认为是最美满、最浪漫的热恋之后，一旦步入现实的婚姻生活，浪漫的爱情立刻就会溃不成军，因为你喜欢的那个浪漫的人，进了围城之后就再也无法继续浪漫了，这样你会失望，失望到你以为他在欺骗你；而如果那个浪漫的人在围城里继续浪漫下去，那你就得把生活里所有不浪漫的事都担待下来，那样，你会愤怒，你以为是他把你的生活全盘颠覆了。

小雪自视清高，把精神共鸣和情趣一致作为唯一的择偶条件，她期望组织一个精神生活充实、有较强支撑感的家庭，她希望夫妻之间不仅有共同的理想追求和生活情趣，而且有共同的理想和语言。可是事实证明她错了，她的错误并不在于对对方的学识和情趣提出较高的要求，而在于这种要求有时比较褊狭和单一。实际上，伴侣之间的情趣，并不一定限于相同层次或领域的交流，它的覆盖面是很广泛的，知识、感情、风度、性格、谈吐等都可以产生情趣，其中，情感和理解是两个重要部分。情感是理解的基础，而只有加深理解才能深化彼此间的情感。双方只要具备高度的悟性，生活情趣便会自然而生。

明明的爱也许有些傻气，但恰恰是这种随遇而安的爱使她得到了他人难以企及的幸福。爱情中感觉的确很重要，感觉找对了，就不要考虑太多，不然，会错过好姻缘的。将来的一切其实都是不确定的，不确定的才是富有挑战的，等到确定了，人生可能也就缺少了不确定的精彩了。明明很庆幸自己及时把握住了自己的感觉，青春的爱情无法承受一丝一毫的算计和心术，上天让明明和陈军相遇得很早，但幸福却并没有给他们太少。

那些像明明一样顺利地建立起家庭的青年，都有一个共同的心理特征：他们敢于决断，不过分挑剔。爱情中的理想化色彩是十分宝贵的，但是理想近乎苛求，标准变成了模式，便容易脱离生活实际，显得虚无缥缈。不要死守着一份完美的期待，你自己都不完美，如何去要求其他？过于苛求，只能导致一无所有。

不是一切失去都值得痛苦

不要为失去的追悔伤心，也许失去意味着得到更好的，只要你选择的是纯洁而又美好的理想；不要为得到的而沾沾自喜，也许得到代表着你失去了更多，如果你选择的是虚荣而又自私的目标。

当我们在得与失之间徘徊的时候，只要还有选择的权利，那么，我们就应当以自己的心灵是否能得到安宁为原则。只要我们能在得失之间作出明智的选择，那么，我们的人生就不会被世俗所淹没。

山姆是一个画家，而且是一个很不错的画家。他画快乐的世界，因为他自己就是一个快乐的人。不过没人买他的画，因此他偶尔难免会有些伤感，但只是一会儿的时间。

"玩玩足球彩票吧！"朋友劝他，"只花 2 美元就有可能赢很多钱。"

于是山姆花 2 美元买了一张彩票，并且真的中了彩！他赢得了 500 万美元。

"你瞧！"朋友对他说，"你多走运啊！现在你还经常画画吗？"

"我现在只画支票上的数字！"山姆笑道。

于是，山姆买了一幢别墅，并对它进行了一番装饰。他很有品位，买了很多东西，其中包括：阿富汗地毯、维也纳橱柜、佛罗伦萨小桌、迈森瓷器，还有古老的威尼斯吊灯。

山姆满足地坐下来，点燃一支香烟，静静地享受着自己的幸福。突然，他感到自己很孤单，他想去看看朋友，于是便把烟蒂一扔，匆匆走出门去。

烟头静静地躺在地上，躺在华丽的阿富汗地毯上……一个小时后，别墅变成一片火海，它完全被烧毁了。

朋友们在得知这一消息以后，都赶来安慰山姆："山姆，你真是不幸！"

"我有何不幸呢？"山姆问道。

"损失啊！山姆，你现在什么都没有了。"朋友们说。

"什么呀？我只不过损失了 2 美元而已。"山姆说道。

人生漫长，每个人都会面临无数次选择。这些选择可能会使我们的生活充满烦恼，使我们不断失去本不想失去的东西。但同样是这些选择，却又让我们在不断地获得。我们失去的，也许永远无法弥补，但我们得到的却是别人无法体会到的、独特的人生。面对得与失、顺与逆、成与败、荣与辱，我们要坦然视之，不必斤斤计较，耿耿于怀。否则，只会让自己活得很累。

其实，人在大得意中常会遭遇小失意，后者与前者比起来，可能微不足道，但是人们却往往会怨叹那小小的失，而不去想想既有的得。

须知，得到固然令人欣喜，失去却也没有什么值得悲伤的。得到的时候，渴望就不再是渴望了，于是得到了满足，却失去了期盼；失去的时候，拥有就不再是拥有了，于是失去了所有，却得到了怀念。连上帝都会在关了一扇门的同时又打开一扇窗，得与失本身就是无法分离：得中有失，失中又有得。

《孔子家语》里记载，有一天楚王出游，遗失了他的弓。下面的人要去找，楚王说："不必了，我掉的弓，我的人民会捡到，反正都是楚国人得到，又何必去找呢？"孔子听到这件事，感慨地说："可惜楚王的心还是不够大啊！为什么不讲人掉了弓，自然有人捡得，又何必计较是不是楚国人呢？"

"人遗弓，人得之"应该是对得失最豁达的看法了。就常情而言，人们在得到一些利益的时候，大都喜不自胜，得意之色溢于言表；而在失去一些利益的时候，自然会沮丧懊恼，心中愤愤不平，失意之色流露于外。但是对于那些志趣高雅的人来说，他们在生活中能"不以物喜，不以己悲"，并不把个人的得失记在心上。他们面对得失心平气和、冷静以待，超越了物质，超越了世俗，千百年来，令多少人"高山仰止，心向往之"。

留不住的人，
不如放手

　　一生中总会有一个人让你笑
得最甜，也总会有一个人让你痛
得最深。忘记让你疼痛的那个人，
如果真的忘不了，就默默地埋葬
在心底，埋到岁月的烟尘触不到
的地方……

这世间，最难说清的便是爱

缘聚缘散总无强求之理。世间人，分分合合，合合分分，谁能预料？该走的还是会走，该留的还是会留。一切随缘吧！

爱情全凭缘分，缘来缘去，不一定需要追究谁对谁错。爱与不爱又有谁可以说得清？当爱着的时候只管尽情地去爱，当爱失去的时候，就潇洒地挥一挥手吧。人生短短几十年而已，自己的命运把握在自己手中，没必要在乎得与失、拥有与放弃、热恋与分离。

失恋之后，如果能把诅咒与怨恨都放下，就会懂得真正的爱。虽然在偶尔的情景下依然不免酸楚、心痛。卢梭 11 岁时，在舅父家遇到了刚好大他 11 岁的德·菲尔松小姐，她虽然不是很漂亮，但她身上特有的那种成熟女孩的清纯和靓丽还是将卢梭深深地吸引住了。她似乎对卢梭也很感兴趣。很快，两人便轰轰烈烈地像大人般恋爱起来。但不久卢梭就发现，她对他的好只不过是为了激起另一个她偷偷爱着的男友的醋意——用卢梭的话说"只不过是为了掩盖一些其他的勾当"时，他年少而又过早成熟的心便充满了一种无法言说的气愤与怨恨。

他发誓永不再见到这个负心的女子。可是，20 年后，已享有极高声誉的卢梭重回故里看望父亲，在波光潋滟的湖面上游玩时，他竟不期然地看到了离他们不远的一条船上的菲尔松小姐。她衣着简朴，面容憔悴。卢梭想了想，还是让人悄悄地把船划开了。他写道："虽然这是一个相当好的复仇机会，但我还是觉得不该和一个40多岁的女人算20年前的旧账。"

爱过之后才知爱情本无对与错、是与非，快乐与悲伤会携手和你同行，直至你的生命结束！卢梭在遭到自己所爱的人无情愚弄后的悲愤与怨恨可想而知，但是重逢之际，当初那种火山般喷涌的愤怒与报复欲未曾复燃，他选择了悄悄走开，这恰好说明世上千般情，唯有爱最难说得清。

如果把人生比作一棵枝繁叶茂的大树，那么爱情仅仅是树上的一颗果子，爱情受到了挫折、遭受到了一次失败，并不等于人生奋斗全部失败。世界上有很多在爱情生活方面不幸的人，却成了千古不朽的伟人。因此，对失恋者来说，对待爱情要学会放弃，毕竟一段过去不能代表永远，一次爱情不能代表永生。

聚散随缘，去除执着心，一切恩怨都将在随水的流逝中淡去。那些深刻的记忆也终会被时间的脚步踏平，过去的就让它过去好了，未来的才是我们该企盼的。

从一见"钟情"，到相思"成灾"

吴彩蝶是北京一家国企的高级白领，工作业务突出，长相清新秀丽，虽然已年满三十，却一直名花无主，原因是她这个人太矜持、太端庄了，总给人以拒人千里之外之感。所以，虽然她各方面条件都属不错，但却鲜有男士敢轻易接近她。

然而，她在同事们心目中的形象却在一次旅行中被彻底颠覆了。

去年"十一"黄金周期间，公司组织员工前往藏区旅游。初到美丽的大草原上，同事们异常兴奋，说笑不断，而平时并不孤僻的吴彩蝶却突然变得寡言少语。原来，她的眼睛一直在盯着不远处一个放牧的藏族小伙。那个小伙个子高高，肌肉强健，古铜色的皮肤彰显着健康。不多时，小伙子翻身上马，飞奔而去，动作一气呵成，吴彩蝶的眼睛里简直要放出光来了。此后的吴彩蝶一改往日矜持端庄的模样，与同事大谈这个小伙的气质与风度，甚至直言不讳地说自己已经爱上这个小伙子了。

为了促成吴彩蝶的好事，同事们帮她找到了这个小伙。让大家跌破眼镜的是，这个小伙只是一个普通牧民，只是身材健硕，长相非常普通，而且文化程度较低，与其交流都十分困难。但吴彩蝶并不在意这些，她一口咬定，藏族小伙就是自己命中注定要找的那位"白马王子"。接下来的时间里，吴彩蝶根本无心游览，她只有一个念头，就是向小伙子表露心声，并且表示非他不嫁，这让刚刚20出头的藏族小伙不知如何是好。

这突如其来的事件让同事们也慌了神，公司领导立即与吴彩蝶家人取得联系，并匆匆结束行程，返回北京。可回到北京的吴彩蝶依然"意乱情迷"，她每天都要念叨几次这个藏族小伙的名字，称永远无法忘记他翻身上马那奔放不羁的动作，还向父母表示一定要再见一见他。

正值婚龄的男男女女，偶遇一段缘分，如果能够好好把握，结成一段美好的姻缘，自然是好事。然而如果这段姻缘是不现实的，又或者为此做出了过激行为，比如执着于单方面的愿望，并为此不惜一切代价，又比如死缠烂打、寻死觅活，这就是一种心理障碍了，医学上称为"情爱妄想症"，这是一种非正常心态，而并不是爱情。

从心理学的角度上说，个体对异性产生的美好幻觉，是预先潜藏在心底的，偶遇与内心中的那个他（她）相似的个体，好感便会被激发。但正常情况下的一见钟情，只是对对方的气质、外貌等产生好感，在没有进一步了解的情况下，是不会贸然采取行动的。但是，在现代都市中，已经有越来越多的"情爱妄想症"被人们误认为是一见钟情，这并不是正常的，也是带有一定危险的。

某厂职工薛某对已婚女同事周某一见钟情，多次直诉情怀，多次被婉转拒绝。于是，他不断地给对方打骚扰电话。对方不堪忍受，将情况反映给了厂领导，薛某被辞退。但从这以后，他开始在周某上下班的必经之路上拦着对方表白，在被周某的亲友教训以后，他潜入对方家中，欲要杀害周某的丈夫，所幸未能得逞。面对司法人员，他的理由是："她其实是喜欢我的，只是她摆脱不了世俗束缚。她太犹豫了，不敢离婚，我要帮她脱离苦海……"

而该厂的员工都可以作证，周某的家庭其实很幸福，从没有对他有过任何的暧昧表示，是他一直在骚扰人家的正常生活。显然，与吴彩蝶相比，恭薛某的"情爱妄想"要更严重，已经到了心理扭曲的地步。他偏执地认为对方已经爱上了自己，但实际上这只是他的一厢情愿。当自己幻想出来的爱情遭遇阻碍时，他开始恼羞成怒，做出一些异常的举动，甚至不惜触犯法律。

"一见钟情"本是件浪漫的事，生活中，不乏一见钟情终成眷属的佳话。然而，因"一见钟情"导致"相思成灾"，就真的不正常了。诚然，幻想里面有优于现实的一面，现实里面也有优于幻想的一面，完满的幸福应是将前者与后者合二为一，而不是让幻想失去控制，变成妄想、狂想，这无论对想象者本人和被想象的对象来说，都是不幸的。

事实上，在现代都市中，类似的现象并不少见。他们在现实生活中可能受到了挫折，也可能是因为感情问题不顺利，便会不知不觉地将自己的期望寄托到某个人身上，这个人可能是熟人，可能是陌生人，也可能是偶像明星。他们靠着这种安全而有距离的妄想，体会着爱情中的各种感觉，大部分是可以自己控制的，少数严重的会失去控制。

而类似吴彩蝶这样的人，是需要诚实地面对自己的内心了，要诚实地倾听别人的意见，而不是自动过滤掉自己不爱听的东西，专门挑符合自己逻辑的话；要知道自己的状态是有问题的，要用行动去解决自己的问题。如果有可能，尽快将自己投入真正的爱情中去，感受现实中的喜怒哀乐，这会让你的心无暇幻想。

当然，如果只是轻度幻想，只把这作为一个美好的秘密珍藏起来，不影响自己正常的生活和工作，也不影响他人，而且幻想在自己的控制范围之内，那么，保留着一些粉红色的梦，只是作为生活的调剂，也是无可厚非的。

哪一个，才是真正适合你的人

这个世界是多维、平行的，不同的人生活在不同维度的空间之中，有些人之间注定一生无法交流、无法沟通，就算命运安排他们相遇，如果听不到或者根本无法接纳对方的心声，那在一起又有什么意思？

用"维度"来阐述爱情，或许有些人会感到难以理解，那么我们说得更通俗一点。回想一下，在你的大学时代有没有发生过这样的事情？

樱花盛开的季节，颇具文艺范的学长连续几天弹起他心爱的木吉他，在工科女生宿舍楼下浅吟低唱："我的心是一片海洋，可以温柔却有力量，在这无常的人生路上，我要陪着你不弃不散……"对面文学系的姑娘们眼睛中闪烁着晶亮的光芒，多希望有一位英俊的少年能够为自己如此疯狂。而学长的女神，那位立志成为女博士的姑娘却打开窗，羞涩而坚定地说："学长，你……你可不可以安静一点，我们还准备考试呢。"

这泼冷水的效果丝毫不亚于那句"我一直把你当哥哥（妹妹）看待"。其实被泼冷水的人也不必灰心丧气，不是你不够优秀，只是你爱慕的对象身处在不同的维度。有时候，你爱的人真的并不适合你，他只是你生命中点燃烟花的人，而烟花的美只缘于瞬间。如果你非要抓住这瞬间但不属于你的美丽，就会像那条最孤独的鲸鱼"52赫兹"一样。

"52赫兹"是一条鲸鱼用鼻孔哼出的声音频率，最初于1989年被发现记录，此后每年都被美军声呐探测到。因为只有唯一音源，所以推测这些声音都来自同一条鲸鱼。这条鲸鱼平均每天旅行47千米，边走边唱，有时候一天累计唱个22小时，但是没有回应。鲸歌是鲸鱼重要的通讯和交际手段，据推测不但可以召唤同伴，在交配季节更有"表述衷肠"的作用。导致"52赫兹"独来独往的原因，是因为该品种鲸鱼的鲸歌音频大多在15至20赫兹，"52赫兹"唱的歌就算被同类听到，对方也不解其意，无法回应。

经营爱情的道理也是一样的，找准处在同一维度的对象很重要。孤独的"52赫兹"如果想找到知音，那么可以去唱给频率范围在20到1000赫兹的座头鲸。如果你还是个纯粹爱情的向往者，不巧倾慕了一位脸蛋漂亮但宁愿坐在宝马车里哭的姑娘，那么还是趁早"移情别恋"吧。找一个适合自己的人来爱，才能够爱的轻松、爱的自在、爱的幸福、爱的愉快。

这也是爱情中一个困难的地方，因为选择适合的对象，第一步就是要认清自己的特质，而我们在想要恋爱的时候，往往只注意打量对方，却忘了看自己。也许对方真的很优秀，但未必与你的特质相融；也许对方与你想象中的完美形象有差距，但难道自己就没缺点吗？所谓适合自己的人，并不是说就是相对最完美或者条件最好的人，而是那个能与你心有灵犀、相互包容、共同分享人生愿景的人。

如果你准备把爱情提升到婚姻的高度，那么这个问题更要谨慎对待，最起码你要确定两个人的人生观相差无几，这是婚姻能否幸福的关键因素。

譬如这样两对夫妇，一对奉行享乐主义，对所有的娱乐和旅游项目都积极倡导；而另一对是谨慎的节约主义者，为防老，为育子，就是出行还要考虑是地铁省钱还是大巴省钱。两对夫妇各得其所，日子过得都很甜蜜。但是，我们设想一下，如果把他们的伴侣置换一下，后果又会怎样？恐怕会家无宁日吧。

那么，我们认识很多人，特质各异的，哪一个才是适合你的呢？

其实，你是哪种特质没关系，最重要的是他（她）与你的特质不相悖，你们在人生的理念上是一致的。除此之外，还有一个重要的参考因素，不是脾气，不是性格，也不是谁的爸妈能够做可以倚靠的参天大树，而是你能否在对方面前做到真实的放松。

即，你可以在对方面前做到不洗脸、不刷牙，却怡然自乐；你可以肆无忌惮地放声大哭；你可以在满腹委屈的时候在他（她）面前露出不端庄的一面……而这些，他（她）统统都能够接纳、包容。

其实，在爱情这个问题上，没有什么绝对好或者绝对不好的人，只有适合或者不适合你的人。相处是一门很深的学问，他很好，但也许真的不适合你；她也很好，但你真的不适合她。如果是这样，不要做固执的"52赫兹"，闭上眼睛想一下：哪个才是真正适合你的人？

不是爱了，就会一生

爱情是变化的，任凭再牢固的爱情，也不会静如止水，爱情不是人生中一个凝固的点，而是一条流动的河。

爱情中，聚聚散散、离离合合是一件很正常的事，一如四季交替，阴晴雨雪。一段爱情，未必就是一个完整的故事，故事发生了也未必就会有一个完美的结局。对于爱情，我们不要将它视为不变的约定，曾经的海誓山盟谁又能保证它不会成为昔日的风景？

晓寒和东阳是华南某名牌大学的高才生。他们俩既是同班同学，又是同乡，所以很自然地成了形影不离的一对恋人。

一天东阳对晓寒说："你像仲夏夜的月亮，照耀着我梦幻般的诗意，使我有如置身天堂。"晓寒也满怀深情地说："你像春天里的阳光，催生了我蛰伏的激情。我仿佛重获新生。"两个坠入爱河的青年人就这样沉浸在爱的海洋中，并约定等晓寒拿到博士学位就结成秦晋之好。

半年后，晓寒负笈漂洋到国外深造。多少个异乡的夜晚，她怀着尚未启封的爱情，像守着等待破土的新绿。她埋头苦读，并以对爱的期待时时激励着自己的锐志。几年后，晓寒终于以优异的成绩获得博士学位，处于兴奋状态的她并未感到信中的东阳有些许变化。学业期满，她恨不得身长翅膀脚生云，立刻就飞到东阳身边。然而她哪里知道，昔日的男友早已和别人搭上了爱的航班。晓寒找到东阳后质问他，东阳却说："我对你已无往日的情感了，难道必须延续这无望的情缘吗？如果非要延续的话，你我只能更痛苦。"晓寒只好退到别人的爱情背面，默默地舔舐着自己不见刀痕的伤口。

其实，缘分这东西冥冥中自有注定，不要执着于此，进而伤害自己。但无论什么时候，我们都不要绝望，不要放弃自己对真、善、美的追求。

从前有个书生，和未婚妻约定在某年某月某日结婚。然而到了那一天，未婚妻却嫁给了别人。书生大受打击，从此一病不起。家人用尽各种办法都无能为力，眼看他即将不久于人世。这时，一位游方僧人路过此地，得知情况以后，遂决定点化一下他。僧人来到书生床前，从怀中摸出一面镜子叫书生看。

镜中是这样一幅画面：茫茫大海边，一名遇害女子一丝不挂地躺在海滩上。有一人路过，只是看了一眼，摇摇头，便走了……又一人路过，将外衣脱下，盖在女尸身上，也走了……第三人路过，他走上前去，挖了个坑，小心翼翼地将尸体掩埋了……疑惑间，画面切换，书生看到自己的未婚妻。洞房花烛夜，她正被丈夫掀起盖头……书生不明所以。

僧人解释道："那具海滩上的女尸就是你未婚妻的前世。你是第二个路过的人，曾给过她一件衣服。她今生和你相恋，只为还你一个情。但是她最终要报答一生一世的人，是最后那个把她掩埋的人，那人就是她现在的丈夫。"

书生大悟，瞬间从床上坐起，病愈！

是你的就是你的，不是你的就不要强求，过分地执着伤人且又伤己。

聪明人之所以与众不同，就在于他们勇于放开胸怀接受好的一面，更敢于睁大眼睛不怕痛苦地正视坏的一面。他们深知，好的一面的好处众人皆知，坏的一面里蕴涵的好处不是每个人都可以知道的。

不要憎恨你曾深爱过的人，或许他（她）还没有准备好与你牵手，或许他（她）还不过是个不成熟的大孩子，或许他（她）有你所不知道的原因。不管是什么，都别太在意，别伤了自己。你应该意识到，如此优秀的你，离开他（她）一样可以生活得很好。你甚至应该感谢他（她），感谢他（她）

让你对爱情有了进一步的了解，感谢他（她）让你在爱情面前变得更加成熟，感谢他（她）给了你一次重新选择的机会。他（她）的背叛，或许正预示着你将迎接一个更美丽的未来。

是的，只要真心爱过，背叛对于每个人而言都是痛苦的。不同的是，聪明的人会透过痛苦看本质，从痛苦中挣脱出来，笑对新的生活；愚蠢的人则一直沉溺在痛苦之中，抱着回忆过日子，从此再不现笑容……

错了的，永远对不了

在对的时间遇到对的人，得到的将是一生的幸福；在错误的时间里遇到错误的人，换回的可能就是一段心伤。在感情的世界里，有些人你永远不必等，因为等到最后受伤的只会是自己。

错了的，永远对不了。不该拥有的，得到了也不会带给你快乐。任何人在选择自己的爱人时都应该仔细想想，不要苛求那份本不该属于你的感情。现实是残酷的，一旦让感情错位，你所得到的结果就只会是苦涩。

王燕大学毕业后不久就与男朋友文华同居了，可是令她没有想到的是，文华竟背着她跟在法国留学的前任女友藕断丝连。后来在前女友的帮助下，文华很快就办好了去法国留学的签证，这时一直蒙在鼓里的王燕才知道事情的真相。就在她还未来得及悲伤的时候，文华已经坐上飞机远走高飞了。没有了文华，王燕也就没有了终成眷属的期待，她决心化悲痛为力量，将业余时间都用在学习上，准备报考研究生。她想充实自己，也想在美丽的校园里让自己洁净身心。

可是就在这时她发现，她怀上了文华的孩子，唯一的办法是不为人知地去做人工流产。而她的家乡并不在这里，她实在找不到可以托付的医院或朋友。

她的忧郁不安被她的上司肖科长发现了。一天，下班后办公室里只剩下王燕一个人时，肖科长走了进来，他盯着她看了好半天，突然问起了她的个人生活。这一段时日的忧郁不安使王燕经不起一句关切的问候，她不由得含着眼泪将自己的故事和盘托出。第二天肖科长便带她到一家医院，使她顺利做完了手术，又叫了一辆出租车送她回到宿舍，并为她买了许多营养品。

从那以后，她和肖科长之间仿佛有了一种默契，既已让他分担了生命中最隐秘的故事，她不由自主地将他看作她最亲密的人了。有一天，她在路上偶然遇到肖科长和他爱人。当时他爱人正在大发脾气，肖科长脸色灰白，一声不吭。他见到王燕后，满脸尴尬。

第二天，肖科长与她谈到他的妻子，说她是一家合资企业的技术工人，文化不高，收入却不低，在家中总是颐指气使，而且在同事和朋友面前也不给他留面子，他做男人的自尊已丧失殆尽。说着说着，他突然握住她的手，狂热地说："我真的爱你。"她了解他的无奈和苦恼，也感激他对她的关心和帮助，虽然明知他是有妇之夫，但还是身不由己地陷了进去。

不知是出于爱的心理还是知恩图报，反正她从此成了他的情人。他对她说的最多的一句话就是："我是真的喜欢你，你放心，我很快就会办离婚。"可是从来不见他开始行动，她心里明白，他不可能离开老婆孩子，但只要他真心爱她，她可以等待。

他们经常在办公室里幽会，时间一过就是两年，她无怨无悔地等了他两年。一天晚上，当肖科长正狂热地亲吻她时，办公室的门突然被撞开了，单位里另一个科的陶科长一声不吭地在门口站了一会儿，一言不发就走开了。肖科长顿时脸色惨白。肖科长惊慌失措，仓皇地离她而去。她预料到会有事情发生，果然，他捷足先登，到上级那里交代，他痛心疾首地说自己一时糊涂，没能抵挡住她投怀送抱的诱惑。

她气愤至极，赶到他家里要讨个说法。他爱人不明所以，把她让到书房。不一会儿，她看到肖科长扛着一袋大米回来了，一进门就肉麻地叫着他爱人的小名，分明是一位体贴又忠诚的丈夫，然后直奔厨房，系起了围裙。等他爱人好不容易有空告诉他有客人来了时，他甩着两只油手，出现在书房门口，一见是她，大张着嘴半天说不出一句话。

刹那间，她的心泪雨滂沱，走出了房门。

她带着一身的创伤，辞职离开了这个给了她太多伤心的城市，从此开始了漂泊的生活。

在婚外恋中，当事人并非不知什么是应该做的，什么是不应该做的，其实他们心中是雪亮的，只是有时是身不由己，有时是故意与自己过不去。

有些人，并不值得你去爱

既然他（她）不懂珍惜你，你又何必去牵挂他（她）？就算分手也要分得有尊严，即便你当初爱得很深，也要干脆一点。让他（她）知道，离开他（她）你一样可以活得很好，让他（她）知道，离开你是他（她）的损失！

爱情是两个原本不同的个体相互了解、相互认知、相互磨合的过程。磨合得好，自然是恩爱一生，磨合得不好，便免不了要劳燕分飞。当一段爱情画上句号，不要因为彼此习惯而离不开，抬头看看，云彩依然那般美丽，生活依旧那般美好。其实，除了爱情，还有很多东西值得我们为之奋斗。

放下心中的纠结，你会发现，原本我们以为不可失去的人，其实并不是不可失去。你今天流干了眼泪，明天自会有人来逗你欢笑。你为他（她）伤心欲绝，他（她）却与别人你侬我侬，自得其乐。对于一个已不爱你的人，你为他（她）百般痛苦可否值得？

一个失恋的女孩在公园中哭泣。

一位老者路过，轻声问她："你怎么啦？为什么哭得这样伤心？"

女孩回答："我好难过，为何他要离我而去？"

不料老者却哈哈大笑，并说："你真笨！"

女孩非常生气："你怎么能这样，我失恋了，已经很难过，你不安慰我就算了，还骂我！"

老者回答说："傻瓜，这根本就不用难过啊，真正该难过的应是他！要知道，你只是失去了一个不爱你的人，而他却是失去了一个爱他的人及爱人的能力。"

是的，离开你是他（她）的损失，你只是失去了一个不爱你的人，离开一个不爱你的人，难道你真的就活不下去吗？不，这个世界上没有谁离不开谁，离开他（她）你一样可以活得很精彩。请相信缘分，不久的将来，你一定可以找到一个比他更好、更懂得珍惜你的人。是的，与其怀念过去，不如好好把握将来，要相信缘分，未来你可能会遇到比他（她）更好的，更懂得珍惜你的人！

有些事，有些人，或许只能够作为回忆，永远不能够成为将来！感情的事该放下就放下，你要不停地告诉自己：离开你，是他（她）的损失！

肖艳艳一直困扰在一段剪不断、理还乱的感情里出不来。

吴清的态度总是若即若离，其人也像神龙一样，见首不见尾。肖艳艳想打电话给他，可是又怕他会烦。肖艳艳不想失去他，可是老是这样，有时自己也会觉得很无奈，她常常问自己："我真的离不开他吗？""是的，我不能忘记他，即使只做地下的情人也好。只要能看到他，只要他还爱我就好。"她回答自己。

但是该来的还是会来。周一的下午，在咖啡屋里，他们又见面了。吴清把咖啡搅来搅去，一副心事重重的样子。肖艳艳一直很安静地坐在对面看着他，她的眼神很纯净。咖啡早已冰凉，可是谁都没有喝一口。

他抬起头，勉强笑了笑，问："你为什么不说话？"

"我在等你说。"肖艳艳淡淡地说。

"我想说对不起，我们还是分开吧。"他艰涩地说，"你知道，这次的升职对我来说很重要，而她父亲一直暗示我，只要我们近期结婚，经理的位子就是我的，所以……"

"知道了。"肖艳艳心里也为自己的平静感到吃惊。

他看着她的反应，先是迷惑，接着仿佛恍然大悟了，忙试着安慰说："其实，在我心里，你才是我的最爱。"

肖艳艳还是淡淡地笑了一下，转身离开。

一个人走在春日的阳光下，空气中到处是春天的味道，有柳树的清香、小草的芬芳。肖艳艳想："世界如此美好，可是我却失恋了。"这时，那种刺痛突然在心底弥漫。肖艳艳有种想流泪的感觉，她仰起头，不让泪水夺眶。

走累了，肖艳艳坐在街心花园的长椅上。旁边有一对母女，小女孩眼睛大大的，小脸红扑扑的。她们的对话吸引了肖艳艳。

"妈妈，你说友情重要还是半块橡皮重要。"

"当然是友情重要了。"

"那为什么月月为了想要萌萌的半块橡皮，就答应她以后不再和我做好朋友了呢？"

"哦，是这样啊。难怪你最近不高兴。孩子，你应该这样想，如果她是真心和你做朋友就不会为任何东西放弃友谊，如果她会轻易放弃友谊，那这种友情也就没有什么值得珍惜的了。"母亲轻轻地说。

"孩子，知道什么样的花能引来蜜蜂和蝴蝶吗？"

"知道，是很美丽、很香的花。"

"对了，人也一样，你只要加强自身的修养，又博学多才。当你像一朵很美的花时，就会吸引到很多人和你做朋友。所以，放弃你是她的损失，不是你的。"

"是啊，为了升职放弃的爱情也没有什么值得留恋的。如果我是美丽的花，放弃我是他的损失。"肖艳艳的心情突然开朗起来了。

若是一个人为名利前途而放弃你们之间的感情，你是不是应该感到庆幸呢？很显然，这样的人不值得你去爱。

事实告诉我们，对待感情不可过于执着，否则伤害的只能是自己。

还有更适合你的人

人生最怕失去的不是已经拥有的东西，而是失去对未来的希望。爱情如果只是一个过程，那么失恋正是人生应当经历的，如果要承担结果，谁也不愿意把悲痛留给自己。记住，下一个他（她）更适合你。

有一个女孩，男友对她实在是不好，她天天找人诉苦，却又不离开他。妹妹劝她："别再傻了，快些离开他吧！别再和自己过不去。"

现在，她仍和她的男朋友在一起，偶尔流着眼泪诉苦，偶尔安慰自己："他总会知道我是真心对他好的！"也许，女孩想要的只是自我安慰而已。她很会劝别人分手，最常讲的便是："别傻了，快离开那个男人，别再白白受苦。"这么会劝别人的人，最后却劝不了自己，终究也只能令自己受苦。

为什么有些人失恋时，悲痛欲绝，甚至踏上自毁之路？为什么有些恋人在遭遇挫折，不能长相厮守时，会有双双殉情自杀的行为呢？

爱情对于某些人来说，是生命的一部分，是一种人生的经验，有顺境，有逆境，有欢笑，有悲哀。所以，当和喜欢的人相爱时，会觉得快乐，觉得幸福。当分手时，或者遇上障碍时，会自我安慰："这是人生中难免的，合久必分，也许前面有更好、更适合我的人哩！"于是她们会勇敢地、冷静地处理自己伤心失落的情绪，重新发展另一段感情。

而另有一些人，会觉得一生里最爱的就是这个人，不相信世界上有更完美、更值得他们去爱的人。所以当这段恋情变化时，就会失去所有的希望，也对自己的自信心和运气产生怀疑。这段恋情遭受外界的阻力，就等于"天亡我也"。如此，他们就会变得消极，产生比较极端的想法，极有可能会选择自杀的道路。

其实，现实人生里，没有人是像电影小说、流行歌曲中那样幸福地可以恋爱一次就成功，永远不分开的。大多数人都是经历过无数的失败挫折才找到一个可以长相厮守的人。

所以当你失恋时，当你们不可能永远在一起时，你应该告诉自己："还有下一次，何必去计较呢？"无论你这次跌得多痛，也要鼓励自己，坚强起来，重拾那破碎的心，去等待你的"下一次"。人生是个漫长的旅程。在这个旅程中，人们大都要经历若干级人生阶梯。这种人生阶梯的更换不只是职业的变换或年龄的递进，更重要的是自身价值及其价值观念的变化。在"又升高了一级"的人生阶梯上，人们也许会以一种全新的观念来看待生活，选择生活，并用全新的审美观念来判断爱情，因为他们对爱情的感受已然完全不同了。

这种人生的"阶梯性"与爱情心理中的审美效应的关系在许多历史名人的生活中也可看到。比如歌德、拜伦、雨果等，他们更换钟情对象"往往表现了他们对理想的痛苦探求，同现实发生冲突所引起的失望，和试图通过不同的人来实现自己的理想形象的某些特点的结合"。

虽然更换钟情对象有时是可以理解的，但是，这种选择给人们带来的痛苦也是显而易见的。因而人们应该尽可能在较成熟的阶梯上作一次新的选择。那种小小年纪便将自己缚在某一个人身上的做法，显然是不可取的。所以，当有一天失恋的痛苦降临到我们身上时，也不必以为整个世界都变得灰暗，理智的做法应是给对方一些宽容，给自己一点心灵的缓冲，及时进行调整，用新的姿态迎接明天。

经历了许多的人、许多的事，历尽沧桑之后，你就会明白：这个世界上，没有什么是不可以改变的。美好、快乐的事情会改变，痛苦、烦恼的事情也会改变。曾经以为不可改变的，许多年后，你就会发现，其实都改变了。而改变最多的，竟是自己。所以当一份感情不再属于你的时候，就果断地放弃它，然后乐观地等待你的下一次！

只要心存一片海，
就能包容一切

　　原谅他人的过错，不耿耿于
怀，不锱铢必较，和和气气，做
个大方的人。宽容如水般的温柔，
似一泓清泉，款款抹去彼此一时
的敌视，使人冷静、清醒。

如果有人伤害了你，请放下

有一天，玛莎老师叫班上每个孩子都带个大袋子到学校，她还叫大家到超市买来几袋马铃薯。第二天上课的时候，玛莎老师叫大家给自己不愿意原谅的人选一个马铃薯，将这人的名字以及犯错的日期都写在上面，再把马铃薯丢到自己的袋子里，这是孩子们这一周的作业。

第一天，孩子们还觉得蛮好玩的。快放学的时候，约翰的袋子里已经有了8个马铃薯了：妮萨说我新理的头发很丑，文斯用橡皮打了我的头，汉姆在丽莎面前说我的坏话……每件事都让约翰耿耿于怀，发誓绝不原谅这些人。

下课时，玛莎老师告诉孩子们，在这一周里，不论到哪儿都要带着这个袋子。孩子们扛着袋子到学校、回家，甚至出去玩也不例外！一周以后，那袋马铃薯就变成了相当沉重的负荷，约翰已经装了几十个马铃薯在里面了，真快把他压垮了。

新一周的第一堂课，玛莎老师问孩子们："现在，你们知道自己不肯原谅别人的结果了吗？会有重量压在肩膀上，你不肯原谅的人愈多，这个担子就愈重。对这个重担要怎么办呢？"玛莎老师故意停了一会儿，让孩子们想一想，然后继续说道，"放下来就行了。"

任何人都会与他人发生摩擦和矛盾，任谁在与人相处的过程中都不可能不受一点委屈。聪明人的聪明之处就在于，他们绝不会将仇恨深刻于心，让它无时无刻地折磨自己。因为他们知道，唯有放下来，自己心里的负担才不会过重，有了"相逢一笑泯恩仇"的豁达与大度，才能让自己被众人接纳、尊敬。

在你完全放下嗔恨的一刹那，你眼中的世界就变得和平了；当每一个人都放下嗔恨的时候，整个世界就变得和平了。所谓"我弃功于人不可念，而过则不可不念；人有恩于我不可忘，而怨则不可不忘"。感恩是华夏民族传承了几千年的传统美德，从"滴水之恩，涌泉相报"到"衔环结草，以谢恩泽"，以及我们常言的"乌鸦反哺，羔羊跪乳"，"感恩"在国人心中有着深厚的文化底蕴，滋养了一代又一代人。

学会感恩，这是做人的基本。感恩不是单纯的知恩图报，而是要求我们摒弃狭隘，追求健全的人格。做人，应常怀感恩之心，记住别人对我们的恩惠，释去我们对别人的怨恨，唯有如此，我们才能在人生的旅程中自由翱翔。对人对事，我们若能将恩惠刻在石头上，将仇恨写在沙滩上，那么，我们的人生将会异常富足、异常饱满。

一个有修养的人不同于常人之处，首先在于他的恩怨观是以恕人克己为前提的。有些人总是容易记仇而不善于怀恩，因此有"忘恩负义"、"恩将仇报"、"过河拆桥"等说法，古之君子却有"以德报怨"、"涌泉相报"、"一饭之恩终身不忘"的传统。为人不可斤斤计较，少想别人的不足、别人待我的不是；别人于我有恩应时刻记取于心。人人都这样想，人际就和谐了，世界就太平了。多看别人的长处，多记别人的好处，矛盾就化解了。

人生不仅要能承受，也要会释怀

承受是一种忍耐，一种担当，一种宽容；而释怀则是一种心态，一种态度。忍受常人所不能忍受的，宽容常人所不能宽容的，处理别人所不能处理的。只有心胸开阔，才可以宽容别人；只有忠厚仁义，才可以容纳万物。

有这样一副楹联：满腔欢喜，笑开古今天下愁；大肚能容，了却人间多少事。没错，它说的就是弥勒佛。见过弥勒佛的人，往往都会陶醉于弥勒菩萨无与伦比的朗笑，更羡慕他的超级大肚子，但又有几人能够参透其中的禅意呢？

一尊数百年前的弥勒佛，因年久失修而残损，于是寺里请来佛工为其修葺。当佛工揭开弥勒佛的腹部，准备加固翻新时，在场的方丈和僧侣们无不惊愕动容——弥勒佛的腹里居然装着十二个男女老少的陶俑！

弥勒菩萨容人所不能容，容尽天下苍生，这是何等伟大的胸怀！这才是宽容的真谛，更是一种令人感动的仁爱。亦如法国作家雨果所说："世界上最宽广的是海洋，比海洋更宽广的是天空，比天空更宽广的是人的胸怀。"我们或许无法做到佛陀那般博怀，但至少我们可以为自己的心灵创设一种大格局，忍人所不能忍，容人所不能容。

在河南省方城县，11年前，孔某沉浸在喜得千金的兴奋中时，妻子张某却告诉了他一个残酷的事实：这个新生命是她和别人的孩子！经过一番痛苦挣扎，孔某最终宽容了妻子，并将孩子视为己出。然而，11年后，这个孩子却患了白血病，生命告急！孔某能够做出惊人之举，允许妻子再次怀上旧情人的孩子用脐血干细胞挽救第一个孩子的生命吗？一方面是有悖传统道德的"奇耻大辱"，一方面是对十一岁花季少女生命的无私拯救，孔某一颗平常而博大的心被亲情和伦理这两条绳索揪紧了……

2003 年 4 月 10 日上午，并非孔某亲生女儿的小华（化名）在学校突然晕倒，到医院诊病，结果确诊小华患的是要命的淋巴性白血病。

医生对孔某夫妇说，要想治好小华的病，需要张某再生个孩子，用新生儿的脐血挽救小华。这就意味着张某必须与旧情人任某再生一个孩子，这怎么可能呢？妻子张某痛苦地低下了头，孔某更是痛苦万分：本来小华就不是自己的骨肉，怎么能再要一个又不是自己骨肉的孩子呢？

经过反复思考，孔某做出了一个令人难以置信的决定：让张某与任某再生一个孩子救小华！然而，这个决定遭到了张某的坚决反对："这十多年来，我们早就没有任何来往，况且双方都已有家室，你让我怎么跟他讲？再说，我至死都不想让任某知道小华是他的亲生女儿，我更不能再做对不起你的事啊！"

"生命高于一切。为了小华的生命，请你好好考虑考虑吧！"孔某诚恳地对张某说。张某又何尝不想救女儿呢？只是她万分珍惜与孔某的感情，实在不愿让这份感情再受到任何玷污了。

考虑了三天，张某觉得自己无论如何都不可能再和任某有什么瓜葛。如果能用其他的方法与任某再生一个孩子，倒还可以考虑。与孔某商量后，夫妇俩坦率地把自己的隐私对大夫讲明了，大夫说："你们可以采用人工授精的方法怀孕，这样也能使孩子获救。"

2004 年春节前夕，孔某找到并说服了任某，使任某答应献出精子。

2004 年 3 月医生为张某做了人工授精手术。手术做得很顺利，一个多月以后，张某就怀孕了。看着妈妈渐渐隆起的肚皮，小华知道新的小生命与自己的生命紧紧相系，久违的笑容再一次回到了她的脸上。

2005 年 1 月 5 日，张某在县妇幼保健院顺利产下一个女婴。生产以后，孔某当即带上装在保温箱里的一段脐带，到省人民医院做配型化验。1 月 11 日，从郑州传来喜讯，配型成功！2 月 7 日，张某刚刚坐完月子，孔某和她就带着两个女儿到医院，找到了大夫，大夫马上安排孩子住院。观察七天后，为小华做了亲体配型脐血干细胞移植手术。手术进行了两个半小时，非常成功。住院观察期间，小华未出现大的排斥反应，于 3 月 11 日痊愈出院。小华稚嫩的生命终于又重新扬起了希望的风帆。

孔某就这样承受了有悖传统伦理的"奇耻大辱"，奉献了拯救孩子生命的大爱！尽管他因此陷入了难言的尴尬和隐痛，但他的人生却因此显现了人性的光芒，令人肃然起敬。即便人们知道了其中的隐情，谁还能忍心讥讽他？因为任何人都难以做到，所以能做到的人才最值得别人去尊敬和赞美。

有一种爱叫作放手

在情感的世界中，并没有绝对的对与错，他爱你时是真的很爱你，他不爱你时是真的没有办法假装爱你。毕竟你们真的爱过，所以分手时为何不能选择很有风度地离开？

不要为背叛流眼泪，在感情的世界中眼泪从来都只属于弱者。他若是爱你，怎会舍得让你流泪？他若是不再爱你，即便是泪水流尽亦于事无补。

缘分这东西冥冥中自有注定，如果你们错过，那只能说明你们不是彼此一生的归宿，他或许只是你在寻找一生爱情中的一次尝试。如果你自认是生活上的强者，那么不如洒脱地离开。既然曾经深爱，就不要再彼此伤害。

陈露是一位医生，在北京一家医院工作。丈夫张仪是一家工程公司的老总，每天忙得不可开交，马不停蹄地在各地跑来跑去。两人见面的时间很少，只是偶尔在周末才聚一聚。

一次，陈露和张仪偶然间在医院的急诊室相遇。张仪向妻子解释说："我带一个女孩来看病，她是我单位的员工，由于工作劳累过度晕倒了。"陈露看了那女孩一眼，女孩看上去比张仪小很多，脸上带着点野性。陈露心里有一种说不出来的感受。

她便偷偷地到丈夫工作的公司去打探。大家都说从来没有见过像她所描述的这样一个女孩。陈露听后，立即像失去重心一样。回来后，她给丈夫打了电话，说她已出差到了外地，要一个月以后才回去。

接着她便到丈夫的公司附近蹲守。蹲守的结果证明，那女孩已经与张仪同居了很久。怎么办？是离婚还是抗争？陈露陷入了极度痛苦的深渊。

那个晚上，她坐出租车回家。车开得很慢，司机好像很懂陈露的心情。陈露痛苦地闭上眼睛，回想起摊放在桌上半年多的《离婚协议书》。

突然有人叫她，是那位司机在跟她说话："妹妹，你有心事？"

陈露没有回答。

"我一猜你就是为了婚姻，"陈露的脸色微微地有点冷暗，可司机却当没看见一样继续说，"我也离过婚。"

陈露眼睛微微一亮，便竖起耳朵细心倾听起来。

"我和妻子离婚了。"陈露的心不由一紧，继续听他说，"她上个月已经同那个男人结婚了，他比她大 4 岁，做翻译工作，结过婚，但没孩子。听说，他前妻是得病死的。他性格挺好的，什么事都顺着我前妻，不像我性子又急又犟，他们在一块儿挺合适的。"

陈露觉得这个司机很不寻常。

"妹妹，现在社会开放了，离婚不是什么丢人的事，你不要觉得在亲友当中抬不起头。我可以告诉你，我的妻子不是那种胡来的人。她和那个男人在大学里相爱四年，后来那个男人去了国外，两人才分手。那个男人在国外结了婚，后来妻子死了，他一个人在国外很孤独，就回来了。他们在同学聚会上见了面，这一见就分不开了。我开始也恨，恨得咬牙切齿。可看到他们战战兢兢、如履薄冰地爱着，我心软了，就放他们一条生路……"

陈露的眼睛有些湿润了，她想起丈夫写给她的那封信：

"我没有想到会在茫茫人海中与她邂逅。在你面前，我不想隐瞒她是一个比我小很多的女人。我是在一万米的高空遇见她的，当时她刚刚失恋。我们谈了几句话之后，她就坦诚地告诉我她是个不好的女孩，后来我知道她和我生活在同一座城市，我不知为什么，从那一天起，心里就放不下她。后来我们频频约会，后来我决定爱她，照顾她一生。因为她，我甚至想放弃一切……"

车到家了，陈露慢慢地走上楼。第二天她很平静地在离婚协议上签了字。

在人生的旅途上，生活给了你伤痛、苦难，同时也给了你退路和出口。所以当你所爱的人为了另一个人执意要离你"远行"时，你无须作伤痕累累的最后决斗，而应在适当的时候选择放手。

以爱对恨，恨自然消

世上有许多灾祸、矛盾的起因可能都是些微不足道的小事，只因彼此针锋相对，谁也不肯退让，才会将问题升级，演变得不可收拾。这其中因口角之争而引发无穷祸患的例子不在少数。如果此时可以退让一步，其实是可以将祸患化于无形的。

唐开元年间有位梦窗禅师，他德高望重，既是有名的禅师，也是当朝国师。

有一次梦窗禅师搭船渡河，渡船刚要离岸，远处走来一位骑马佩刀的武士，大声喊道："等一等，等一等，载我过河。"他一边说一边把马拴在岸边，拿着马鞭朝水边走过来。

船上的人纷纷说："船已离岸，不能回头了，干脆让他等下一回吧。"船夫也大声回答他："请等下一回吧。"武士急得在岸边团团转。

坐在船头的梦窗禅师对船夫说："船家，这船离岸还没多远，你就行个方便，掉过船头载他过河吧。"船夫见梦窗禅师是位气度不凡的出家人，便听从他的话，把船驶了回去，让那位武士上了船。

武士上船后就四处寻找座位，无奈座位都满了，这时他看到了坐在船头的梦窗禅师，便拿马鞭抽打他，嘴里还粗野地骂道："老和尚，走开点！把座位让给我！难道你没看见本大爷上船？"这一鞭正好打在梦窗禅师的头上，鲜血顺着脸颊汩汩地流了下来，梦窗禅师一言不发地起身把座位让给了蛮横的武士。

这一切被船上的乘客们看在眼里，大家既害怕武士的蛮横，又为禅师的遭遇抱不平，就窃窃私语：这个武士真是忘恩负义，要不是禅师请求，他能搭上船吗？现在他居然还抢禅师的位子，还动手打人，真是太不像话了。武士从大家的议论中明白了事情的缘由，心里十分惭愧，可是又拉不下面子去认错。

等船到了对岸，大家都下了船。梦窗禅师默默地走到水边，用水洗掉了脸上的血污。

那位武士再也忍受不了良心的谴责，上前跪在禅师面前忏悔道："禅师，我错了。对不起。"禅师心平气和地说："不要紧，出门在外难免心情不好。"

很多时候我们发脾气、与别人发生冲突，都只是因为一念之差。如果当时能把火气压制住，让自己头脑冷静一下，或许就不会产生纠纷了。但遗憾的是，人们往往因为惯有的习气而不能宽容别人，结果造成了许多不必要的麻烦生活中别人不怀好意的侮辱，也可能是出于误解，如果我们不肯忍耐，非要计较个一清二白，那或许反而会把事情弄得更糟。须知，隔阂一旦形成，就很难再消除，所以对于那些无谓的琐事，我们不妨糊涂一些，权当不知，这样于你、于他而言，都可以说是一件幸事。

面对那些无意的伤害，宽容对方会让对方觉得你心胸的博大，可以消除无心人对你造成伤害后的紧张，可以很快愈合你们之间不愉快的创伤。而面对那些故意的伤害，你博大的心胸会让对方无地自容，因为宽容对方体现出的是一种境界。宽容是对怀有恶意者最有效的回击，不管别人有意还是无意伤害了你，其实他的内心也会感到不安和内疚，或许是因为碍于所谓的"面子"而不肯认错，而你的宽容就会使彼此获得更多的理解、认同和信任。自己也有犯错的时候，并会因为犯错觉得内疚，不知所措，希望对方能原谅自己，同时也会因自己的缺点忐忑，不希望被别人看不起。所以就要站在对方的角度考虑，当自己遇到不原谅别人错误的人会怎么想。

事事计较是不会有什么结果的，已经发生了的事情不会有任何改变，也不能扭转任何已经发生了的事情。以宽容的态度待人，以理解作为基础，站在客观的角度给人评价，可以从别人身上学到自己所没有的长处和优点，也能使自己对对方的不足给予善意的理解。在日常生活中，时不时都会有如何要求别人的时候，还有如何对待自己的问题。能否把握好一个律己和待人的态度，不仅能充分反映出一个人的修养，还能培养人与人之间的良好关系。

你若能说服自己从心里去接受伤害过自己的人，也就不难从行动上去改变他们。一颗宽容、忍让的心能感化任何人、任何物，只要你付出的是一颗真心，便可转恶为善。当我们心生恨意时，请尽量平心静气，换一种心态，用宽恕、谅解的心去看待他，助他驱除邪恶，唤醒纯洁的灵魂。

学会感恩，
才会在生活中发现美好

感恩是一种生活态度，是一种善于发现生活中的感动并能享受这一感动的思想境界。感恩父母，感恩家人，感恩朋友，感恩生活……包括感恩逆境和敌人，你会因此而快乐。

每个人都是应该懂得感恩的

感恩是一个人不可磨灭的良知，也是现代社会成功人士健康性格的表现。一个连感恩都不知晓的人必定拥有一颗冷酷绝情的心。在人生的道路上，随时都会产生令人动容的感恩之事。且不说家庭中的，就是日常生活、工作和学习中，所遇之事、所遇之人给予的点点滴滴的关心与帮助，都值得我们感恩，铭记那无私的人性之美和不图回报的惠助之恩。感恩不仅仅是为了报恩，因为有些恩泽是我们无法回报的，有些恩情更不是等量回报就能一笔还清的，唯有用纯真的心灵去感动、去铭刻、去永记，才能真正对得起给你恩惠的人。

"感恩"是尊重的基础。在道德价值的坐标体系中，坐标的原点是"我"，我与他人、我与社会、我与自然，一切的关系都是由主体"我"而发散。尊重是以自尊为起点，尊重他人、社会、自然、知识，在自己与他人、社会相互尊重以及与自然和谐共处中追求生命的意义，展现、发展自己的独立人格。感恩是一切良好、非智力因素的精神底色，感恩是学会做人的支点。感恩让世界这样多彩，感恩让我们如此美丽！

感恩之心是一种美好的感情，没有一颗感恩的心，孩子永远不能真正懂得孝敬父母、理解帮助他的人，更不会主动地帮助别人。让孩子知道感谢爱自己、帮助自己的人，是德育教育中的一个重要内容。

从1863年林肯总统宣布了感恩节为国家节日起。至今的一百多年，每年一次的感恩活动，美国人欢聚一堂，进行一次特殊的祈祷，感谢、颂扬上苍在过去一年里的仁慈和恩惠。

非但如此，它更成为一种社会活动：超市门口放个大筐，让人们留下一份食品给那些食不果腹的穷人；政府机关、学校和教堂准备大量的食物，敞开大门，分发给一些无家可归的人；更可贵的是，平时里无忧无虑的孩子在这一天却极其认真地挨家挨户敲开邻居的家门，募集食品。

学会感恩，就会心安于位。面对当前严峻的就业形势和激烈的竞争，拥有一份工作、能有个"饭碗"靠的是自己的实力，当然，也讲一定的机遇。我们应该为获得一份工作而学会感恩。这样，我们就会摆正自己的位置，保持良好的心态，就会常修处世之德，常思抱怨之害，常怀感恩之心，珍惜来之不易的工作。感恩是根治抱怨最好的良药，我们要让浮躁的心在感恩中化为乌有，用感恩的心化解抱怨，要有"捧着一颗心来，不带半根草去"的高尚情操。

学会感恩，就会硕果累累。"做事，不只是人家要我做才做，而是人家没要我做也争着去做。这样，才做得有趣味，也就会有收获"，"延安五老"之一的谢觉哉老先生教育我们要积极主动地埋头实干。我们要怀着感恩的心把自己的工作当作自己的事业，而不仅仅是当作一种义务。我们要努力工作，用心去干事，自觉履行自己的职责，尽职尽责实际上是发自内心的感恩行为。用感恩的心去工作，你就不会感到乏味；用感恩的心去工作，你就会觉得工作是为自己；用感恩的心去工作，你就会有敬业的情怀，也会有收获的喜悦。

学会感恩，硕果将挂满枝头。

感恩就像阳光一样，带来温暖和美丽

在人生的道路上，时常会遇到值得人感动和铭记的事。

但是在当今社会，我们常常忽视了人与人之间的感情，觉得父母的细心照顾、朋友的关心帮助都是理所应当的，忙忙碌碌的生活，让我们忘记了感恩，也无暇去感恩，这不能不说是一种悲哀。

在日常生活、工作和学习中所得到的点点滴滴的关心与帮助，都值得我们用心去铭记——铭记那无私的人性之美和不图回报的惠助之恩。感恩不仅仅是为了报恩，唯有用纯真的心灵去感激、去铭记，才能真正对得起给予你恩惠的人们。

一位盲人曾经请人在自己乞讨用的牌子上这样写道："春天来了，而我却看不到它。"我们与这位盲人相比，与那些失去生命和自由的人相比，能健康地生活在世界上，谁说不是一种命运的恩赐？想想这些，我们还会抱怨命运对自己的不公平吗？

在一个闹饥荒的城市，一个家境殷实而且心地善良的面包师把城里最穷的几十个孩子聚集到一块儿，然后拿出一个盛有面包的篮子，对他们说："这个篮子里的面包你们一人一个。在上帝带来好光景以前，你们每天都可以来拿一个面包。"

瞬间，这些饥饿的孩子一窝蜂似的涌了上来，他们围着篮子推来挤去大声叫嚷着，谁都想拿到最大的面包。当他们每人都拿到了面包后，竟然没有一个人向这位好心的面包师说声谢谢就走了。

但是有一个叫农娃的小女孩却例外，她既没有同大家一起吵闹，也没有与其他人争抢。她只是谦让地站在一步以外，等别的孩子都拿到以后，才把剩在篮子里最小的一个面包拿起来。她并没有急于离去，她向面包师表示了感谢，并亲吻了面包师的手之后才向家走去。

第二天，面包师又把盛面包的篮子放到了孩子们的面前，其他孩子依旧如昨日一样疯抢着，羞怯、可怜的依娃只得到一个比头一天还小一半的面包。当她回家以后，妈妈切开面包，许多崭新、发亮的银币掉了出来。

妈妈惊奇地叫道："立即把钱送回去，一定是面包师揉面的时候不小心揉进去的。赶快去，依娃，赶快去！"当依娃拿着钱回到面包师那里，并把妈妈的话告诉面包师的时候，面包师慈爱地说："不，我的孩子，这没有错。是我把银币放进小面包里的，我要奖励你。愿你永远保持现在这样一颗感恩的心。回家去吧，告诉你妈妈这些钱是你的了。"她激动地跑回了家，告诉了妈妈这个令人兴奋的消息，这是她的感恩之心得到的回报。

其实，感恩并不要求回报。无力报答，或一时无机会报答，都不要紧，只要心中长存感恩、常念回报就行，因为感恩最重要的是一种精神。

有一位单身女子刚搬了家，她发现隔壁住着一个寡妇与两个小孩子。有天晚上，那一带忽然停了电，那位女子只好自己点起了蜡烛。没一会儿，忽然听到有人敲门。

原来是隔壁邻居的小孩子，他紧张地问："阿姨，请问你家有蜡烛吗？"女子心想："他们家竟穷到连蜡烛都没有吗？千万别借给他们，免得被他们缠上了！"

于是，她对孩子吼了一声说："没有！"正当她准备关上门时，那小孩微笑着轻声说："我就知道你家一定没有！"然后，竟从怀里拿出两根蜡烛，说，"妈妈怕你一个人住又没有蜡烛，所以让我带两根来送你。"

此刻，女子自责，感动得热泪盈眶，将那小孩子紧紧地拥在怀里。

常怀感恩之心，便会更加感激和怀念有恩于自己却不图回报的每一个人。

正是因为他们的存在，才有了我们今天的幸福和喜悦。常怀感恩之心，又足以释去我们心中狭隘的积怨，感恩之心还可以帮助我们渡过最大的灾难和痛苦。

感恩，就像阳光一样，带给我们温暖和美丽。

无论你从事何种职业，只要你胸中常怀着一颗感恩的心，随之而来的，就必然会不断地涌动着诸如温暖、自信、坚定、善良等这些美好品格。自然地，你的生活中便有了一处处动人的风景。

所谓幸福，就是拥有一颗感恩的心

有一条短信是这样写的：所谓幸福，是有一颗感恩的心，一个健康的身体，一份称心的工作，一个深爱你的爱人，一帮信赖的朋友，当你收到此短信，一切随时拥有。

这条短信把一颗感恩的心列为人生幸福的第一个条件。每个人都在享受着自然和他人带来的恩惠，同时，人们也用感恩激发的善心与善举回报着他人和社会。做人做事，如果人们都拥有一颗感恩的心，人们的心态就会更平和，人生就会更快乐，事业就会更顺利。社会就是这样一个链条：你爱别人，别人爱你；你感激别人，别人感激你。

感恩节是西方的一个节日。1620年，英国国内正进行宗教清理，英国有102名清教徒因为受不了国内教会的压制和迫害，登上了五月花号船，不远万里来到美洲。当时美洲只有土著人、印第安人，这些移民到了新的大陆，人生地不熟，很不适应，正好赶上冬天，很多人饥寒交迫而死，最后只剩下50多个人。在这种境况下，当地的土著人，特别是印第安人主动帮助他们，教他们种植庄稼、种植南瓜，教他们狩猎，同时给他们送来了一些生活的必需品，使得这50多个人生存了下来。

第二年，移民们开垦的荒地获得了丰收。这些人认为这是上帝对他们的恩赐，他们要举办一个活动来感谢上帝，在感谢上帝的同时，他们邀请当地的印第安人也来参加。他们准备了一些食品，燃起篝火，进行摔跤比赛。这就是美国第一个感恩节的由来。

从此之后，感恩节不断被历届政府所采纳，最后美国确定了每年11月的最后一个星期四为美国人的感恩节。在感恩节上，火鸡和南瓜饼都是必备的食品，这两味"珍品"体现了美国人民忆及先民开拓艰难、追思第一个感恩节的怀旧情绪。因此，感恩节也被称为"火鸡节"。

有一个歌星小有名气，她最初是从农村出来的，她的经纪人看到了她的潜质，就投入资金和心血为她创造条件，给她拉赞助，让她上台表演，经纪人还找到一些合作单位，对其进行包装。

这个歌星出名之后，把每一场演出50％的报酬分给经纪人，慢慢地，她开始觉得不公平，想与经纪人结束合同。这时候，她的父亲，一位农村的小学教师，听说她在和经纪人闹矛盾，就到城市来劝她：你从一个一无所有的农村姑娘走到今天，都是得益于你的经纪人，做人一定要知道感恩，不能忘本。这个歌星觉得父亲说得有道理，于是与经纪人恢复了良好关系，名气也越来越大了。

乌鸦尚有反哺之义，羊亦有跪乳之恩。蜜蜂采花而去，嗡嗡地表白是感恩；葵花沐浴着阳光，微笑向着太阳也是感恩。

有的人总是抱怨生活，其实这与他们没有具备感恩的心态有关。

感谢含辛茹苦的父母

人要感恩自己的父母。一个人可以有很多的选择，但是唯一不能选择的就是自己的父母。父母用博大深沉的爱养育了你，你对自己的父母要感恩。有一个小姑娘有一天和她的妈妈赌气离家出走了，她身上没带钱，一天没吃饭，又累又饿。天色晚了，集市上有一个卖馄饨的老太太，看到她又饿又累，就问她："小姑娘，你是不是很饿？"她说："是啊，我很想吃一碗馄饨，但是我没有钱。"老太太说："我看你肯定是有事，这样吧，你先吃我不要钱，等你有钱的时候给我送回来就行了。"吃馄饨的时候小姑娘说："还是老奶奶你对我好，我妈从来不理解我，总是跟我吵架。"老太太说："我仅仅给你做了一碗馄饨，你就对我感恩戴德，你妈妈整天给你做饭洗衣服，你为什么就不知道妈妈的付出呢。难道是你妈妈的付出不需要回报，连一句感恩都不需要你说吗？"小姑娘听了之后很惭愧。

陌生人对你付出一点点，你就感激不尽，父母对自己儿女的付出是自己的一生，你怎么能把自己父母对自己的付出、对自己的恩情视为理所应当呢？

有一个人大学毕业后来到县城工作，有一天他陪妻子逛商店看到一双鞋子，他觉得这双鞋子很适合他的母亲，但是想购买的时候，却发现自己根本不知道母亲穿多大的鞋，于是他打算春节的时候回去问问母亲。结果他春节忙于同学聚会和各项娱乐，把这件事情遗忘了。第二年春节他想，这一次一定要记得问母亲，结果又因为忙于其他事情而遗忘了。第三年因为工作忙索性就没有回去。第四年回去了，他终于问了母亲的鞋号。但是回家不到一个月，他就收到加急电报：母病危，速归。他看到电报拔腿跑到商店，给母亲买来一双鞋子。但是他刚走到村口，远远地就看到灵棚，他双膝跪地，捧着一双鞋子，他知道他的母亲已经永远穿不上儿子买回来的鞋子了。

这就是树欲静而风不止，子欲养而亲不待。所以孝顺要及时，不要拖延。

即使工作再忙，一定要记住常回家看看，听听母亲的唠叨、父亲的述说。有时候父母并不需要你的金钱，他们需要的是一颗心，需要的是你陪伴他们的时间。

感谢带来温馨的爱人与孩子

美国有一个商人有一天喝多了，躺到了马路上，警察扶他起来叫他回家，商人说自己没有家，警察指着他的别墅说：那不是你家？商人回答：那是房子。因为他家里已经没有一个人了。所以，家不是房子，不是别墅，是人和人之间的亲情。没有亲情，家就不是家。

非洲的卢旺达是个战火纷飞的国家，那里有一个叫热拉尔的人，他家里的40多口人在战乱中全部丧生了。

有一天他听说他4岁的小女儿还活着，于是历尽千辛万苦，冒着生命危险去寻找他的孩子。当他抱着自己4岁的女儿时，说的第一句话就是：我有家了。

家是一种亲情关系，是由人构成的，而不是金钱，也不是房子。有的人房子很宽敞，但是家里却总是不和谐；有的人虽然没钱，男人骑着三轮车，女人坐在三轮车后边，一家人在城市收破烂，也过得其乐融融。

所以，在这个世界上，家是一个充满亲情的地方，它有时在竹篱茅房，有时在高屋华堂，有时也在无家可归的人群中。没有亲情的人和被爱遗忘的人，才是真正没有家的人。

夫妻之间是一种缘分，更是一种责任。两个人认识，在全世界是65亿分之一的概率，因此一定要珍惜。经济学有一个边际效应递减规律，如人在很饿的时候，吃第一个馒头时感觉很好，到第五个馒头时已经非常饱了，再也不想吃了。

其实第五个馒头和第一个馒头是一样的，但是这两个馒头的边际效应却不一样，第一个馒头的边际效应是百分之百，第二个馒头的边际效应就是65%，到第五个馒头，可能就变成负效应了。

夫妻之间也是一样，刚开始谈恋爱的时候，双方很积极、很热情，碰到对方的手感觉像触电一样。结婚之后7年之痒，拉住对方的手像左手握右手一样没区别，这就是边际效应。这种规律是躲不开的，但是如果能正确认识，还是可以化解的。当边际效应递减的时候，就要制造一些气氛，增加一些夫妻感情。

有一句话叫："百年修得同船渡，千年修得共枕眠。"夫妻之间一定要珍惜缘分，双方都要付出应有的责任。要爱护自己的孩子，不要把自己的孩子当成私有财产，要作为一个平等的主体去对待，要关心孩子的需求，和孩子多沟通。

有一个人工作很忙，天天很晚才回家。有一天他的小儿子问他一个小时挣多少钱，这个人说他一个小时挣20美元。孩子问他能不能给他10美元。他给了儿子10美元后，问他要钱做什么。他儿子从枕头下摸出了一堆皱皱巴巴的零钱，说："爸爸，我现在有20美元了，明天晚上，我能不能用这20美元换你一个小时，早点回来陪我吃饭。"这个人听到儿子这番话，抱着儿子痛哭流涕。

有的人很多时候忙于工作、事业，总说没有时间，对孩子不耐烦，而孩子在成长的过程中，最需要家长付出自己的精力。家庭是港湾，妻子（丈夫）是船，孩子是帆，父母是山的脊梁，兄妹是山的绵延。在这里是心与心的交融，是深深的呼唤，是话语的呢喃，是温情的融合与交换，是沉默中执手相看泪眼，是枕着名字久久难眠……

一个人把时间奉献给了事业，把热情奉献给了客户，把快乐奉献给了朋友，而拿什么奉献给自己的家庭呢？一个字：爱。要用爱对家人做出感恩的回报。

感谢提供工作的公司和老板

世界经济大师熊比特的企业家经济理论认为：企业家经济推动了世界文明的发展，企业家经济是推动世界历史前进的根本动力。

做老板其实不容易，要对老板抱着一种赞赏和感恩的心态。有一位老板写了一篇博客文章，题目是《老板——比民工还悲惨的职业》。文章中写道：作为一般的工作人员，可以到点上班，按点下班，但是老板却不能下班，他必须计算当天的营业额，找出自己与竞争对手的差距，如果业绩不佳他可能会因为压力而失眠。老板承受着巨大的经济和精神压力，表面满面春风，实际饱含辛酸。

公司是免费学习的平台。要理解老板，理解老板对社会、对人类的贡献。老板给你提供了就业机会，使你的基本生活有了保障，还给你创造了免费学习的平台和展现自我的舞台。

技术人员小田技术很高，最近他跳槽到了另外一家企业，但是有一天他又回到了原来的公司。他说："我现在彻底想通了，我现在的技术是老板给我的。有一次我因为画错了一张图纸，使老板损失了 18 万元，但是老板没有扣我一分钱的工资。老板说，没有失败、没有错误你就不会成长，咱这个企业也不会发展。"这些使得小田一直对原来的公司念念不忘，最终放弃了新公司的高薪，回到了原来的公司。

以上案例说明对企业和老板要抱着感恩的心态。反过来，老板也要感激员工的付出，是成千上万的员工的付出，才有企业的今天。老板再有能力，没有企业员工的努力，单枪匹马也是无法成就任何事业的。互相感恩，才能建立和谐的关系。当然，如果你认为自己与企业文化不协调，或者认为能有更好的发展，完全可以离开现在的企业，但是要好聚好散，坚守最后一班岗，这是职业人必须具备的职业意识和职业道德。

也许你能轻而易举地原谅一个陌生人的过失，却对自己的老板或上司的小过错耿耿于怀；也许你可以为一个陌生人的点滴帮助而感激不尽，却无视和自己朝夕相处的老板的种种恩惠。

这种心态总是让你把公司、老板对自己的付出视为理所应当，视为纯粹的商业关系，还时常牢骚满腹、抱怨不休，当然就更谈不上恪尽职守了。这是许多公司老板和员工之间关系紧张的原因之一。

但你是否会想道：你能够安稳地生活，是因为老板给了你一份安稳的工作；你能够享受快乐的人生，是因为工作给你带来了稳定的收入。

当你拿着薪水和家人团聚的时候，当你拿着薪水去孝敬父母的时候，当你拿着薪水给自己爱人买礼物的时候，当你工作之余悠闲地带着孩子去公园游玩的时候，当你在假期里和朋友开怀畅饮的时候，你是否应该想到感激老板，应该想到对老板忠诚？

当你在自己的工作中获得了尊重、荣耀、地位，实现了有价值的一生，你是否更应该想到感激老板，更应该想到对老板忠诚？

你是否曾经想过，用一种特殊的方式，告诉你的老板，你是多么热爱自己的工作，多么感谢从工作中获得的机会。你是否已经建立起了一种自我意识，在我们的心中，我们应该为老板，也为自己，多一些感恩，多一些善意。

只有用感恩的心态去对待工作，我们才能迸发出极大的工作热情，才能为工作努力。因为感恩精神会激发你的积极心态，会驱动着你不断前进。

感谢共事的朋友

怀着一颗感恩之心，你就会在意你的工作，在意你的老板、同事等。只有懂得感恩，你才会主动积极、敬业乐观，未来的前途才不可限量。

因此，你不要忘了感谢你周围的人，包括你的上司和同事。感谢给你提供机会的老板，因为他们了解你、支持你，然后大声说出你的感谢，让他们知道你感谢他们的信任和帮助。这种深具创意的感谢方式，一定会让老板注意到你，甚至可能提拔你。感恩是会传染的，老板也同样会以具体的方式来表达他的谢意，感谢你所提供的服务。

很多员工总是对自己的老板不理解，认为他们不近人情、苛刻，对工作环境、对公司、对同事，总是有这样那样的不满意和不理解。其实老板和员工之间并非对立的关系，从商业的角度，可以是一种合作共赢的关系，从情感的角度，也包含着一份友谊。

如果你在工作中不是寻找借口来为自己开脱，而是怀抱着一颗感恩的心，情况就会大不一样。即使老板批评了自己，也要感谢他，因为是他让你认识到自己的缺点。如果你能每天怀抱着一颗感恩的心去工作，在工作中始终牢记"拥有一份工作，就要懂得感恩"的道理，你一定会有许多收获。

感恩是自然的情感流露，没有什么功利性，也是不求回报的。以特别的方式表达你的感谢之意，付出你的时间和心力，为公司更加勤奋地工作，这其实比物质的礼物更可贵。

一位成功的职场人士曾说："是一种感恩的心情改变了我的人生。当我清楚地意识到我在学历以及能力上比别人都低时，我没有任何权利抱怨什么。相反地，我对所有的一切都怀抱感恩之情。我竭力要回报别人，我竭力要让他们快乐。结果，我不仅工作得更加愉快，所获帮助也更多，工作也更出色。我很快获得了加薪升职的机会。"

所以，在职场中不管做任何事，都要把自己的心态放平，抱着学习和感恩的态度，不要计较一时的得失，不论做任何事都能心甘情愿、全力以赴，当机会来临时才能及时把握住。

当我们怀着感恩的心去工作，我们就是在享受工作，以这样一种愉悦和感恩的心态去工作，我们收获的将是意想不到的惊喜和成就。仔细想一想，自己曾经从事过的每一份工作，都给了你许多宝贵的经验和教训，这些都是人生中值得学习的经验。带着一种从容坦然、喜悦的感恩的心情工作吧，你会获取更大的成功。

感谢每一次挫折

其实对待那些不可抗的因素，我们多数人或许还能够释怀，但对待那些人为的挫折，我们多数人也许就要耿耿于怀了。

其实我们可以换一种心态去看待。别把它当成消极的打压，把它当成一种促进我们成长的积极因素。生命是一个不断蜕变的过程，有了挫折它才能进步，才能得到升华。如果说你已经是成功者，那么不妨回忆一下，真正促成我们成功的，除了自身的能力、亲友的鼓励以外，是不是还有挫折？

电影《卧虎藏龙》获国际大奖后，章子怡接受一家媒体记者采访时讲述了这样一些细节。

在拍摄电影《卧虎藏龙》之前，章子怡没拍过武侠片和古装戏，能否演好这个富有挑战性的全新角色，她感到压力很大。在新疆的拍摄现场，每当章子怡拍完一个镜头后，她就观察导演李安的反应。可李导没有任何表情，只盯着监视器抽闷烟，对章子怡的表演既不肯定给予表扬，也不否定给予指正。李导发现章子怡注视他时就狠狠地瞪了她一眼。渴望得到李导表扬的章子怡当时心里很难过，她只希望李导能真实地对她的表演给一个评价，哪怕是只言片语。

令章子怡羡慕不已的是和她一起拍电影的杨紫琼，每表演好一个出色的镜头后，李导就会由衷地拍拍她的肩膀轻轻抱她一下，说杨紫琼很厉害。那段时间，在恶劣的自然环境下拍电影很艰苦，身体的劳累并不苦，自己的表演得不到认可，章子怡心里很痛苦。电影拍到最后，章子怡的表演有了很大的进步，李导对她说："我看得出你很努力，你今后碰到好戏都要有这样的努力才是。"说完这句话李导抱了章子怡一下，拍了拍她的肩膀。在拍摄《卧虎藏龙》五个月的时间里，李导就抱了章子怡那一次。当时章子怡哭了，她终于明白了李导的良苦用心。

毫无原则的表扬和肯定，往往会扼杀长久的努力和进步。李安导演的高明之处就在于，他懂得用什么样的方式给予演员恰当的激励，他可能"折磨"

得章子怡够苦，但无疑更促进了她的成长。

其实，每一种折磨或挫折，都隐藏着促使人成功的种子，那些正在向成功努力的人更应该看清这一点，不要害怕挫折，更不要因此萎靡不振。事实上，我们从小到大一直在经受着某种意义上的挫折：老师对于我们落后的批评、同学对于我们错误的指责、朋友对于我们偏差的纠正……这一切，我们都应把它当成激励，因为我们知道，每一次的挫折，都像在我们脚下垫了一块砖，让我们站得更高，看得更远。那为什么现在，我们的心智更加成熟了，反倒无法释然了呢？或许真是因为我们觉得自己长大了，我们觉得自己不再需要鞭策；又或者我们太希望人生能够一帆风顺，我们心中的"自我意识"容不得别人的侵犯。但事实上，我们错了！你要知道，没有经历过挫折的雄鹰不可能高飞几十年，没有被生活折磨过的人不可能坦然看世界。其实，那些折磨过我们的人和事，往往正是人生中最受用的经历。你不觉得它就像牡蛎一样吗，体内蕴含着一颗颗绚丽的"珍珠"！

不知道大家有没有听说过，在心理学上有一种"最优经验"的说法：当一个人自觉地将体能与智力发挥到极致之时，就是"最优经验"出现的时候，而通常"最优经验"都不会在顺境之中发生，大多是在千钧一发之际被激发出来。据说，许多在集中营里大难不死的囚犯，就是因为困境激发了他们采取最优的应对策略，最终躲过劫难。

所以，当遭遇挫折时，不妨想想罗曼·罗兰的那句话："从远处看，人生的不幸还很有诗意呢！"是的，这个时代，众多竞争对手使我们置身于没有硝烟的战场之中，也许我们无法选择，也许这场战争使我们饱受折磨，但是，我们完全可以把它当成充满诗意的鞭策，就让别人来驱散我们的惰性，让我们不断向前。

面对生活，
坚守善良

　　我们想得太多，付出太少。除了机械地生活，我们更需要人性；除了智慧，我们更需要善良。没有这些品质，生命就没有意义。

传递爱，而不是伤害爱

人类组成社会的初衷是为了相互帮扶，共同生存，是为了将爱融合并传递，而不是要培养敌视与伤害！

一个身怀六甲的女人，自己行动尚且不便，却在女童溺水之际义无反顾地跳水救人。这个平日里有些胆小的平凡女人，怎么敢、怎么会做出如今的惊人之举？那是源于她对"爱"的默默坚守。

事后也有人心疼地"责备"最美孕妇彭伟平：你就不担心肚子里的孩子？其实，正因为她即将成为母亲，她更能体会到母亲失去孩子的痛苦，才会在千钧一发之际舍命相救。如果没有对生活一点一滴的热爱，没有每时每刻对善良的坚守，她又怎会做出如此壮美的举动？

不过，"爱"其实并未走远，只要你还愿意将它挽留。伸出你温暖的手，当你为别人打开一扇门的同时，上帝也会为你打开一扇窗，让阳光充满你的房间，照亮你的灵魂。

在美国得克萨斯州，一个风雪交加的夜晚，有位名叫马绍尔的年轻人因为汽车抛锚被困在郊外。正当他万分焦急的时候，有一位骑马的男子恰巧经过这里。见此情景，这位男子二话没说便用马帮助马绍尔把汽车拉到了小镇上。事后，当感激不尽的马绍尔拿出不菲的钞票对他表示感谢时，男子却说：

"这不需要回报，但我要你给我一个承诺，当别人有困难的时候，你也要尽力帮助他人。"于是，在后来的日子里，马绍尔主动帮助了许许多多的人，并且每次都没有忘记转述那句同样的话。

许多年后的一天，马绍尔被突然暴发的洪水困在了一个孤岛上，一位勇敢的少年冒着被洪水吞噬的危险救了他。当他感谢少年的时候，少年竟然也说出了那句马绍尔曾说过无数次的话："这不需要回报，但我要你给我一个承诺……"马绍尔的胸中顿时涌起了一股暖暖的激流："原来，我穿起的这根关于爱的链条，周转了无数的人，最后通过少年还给了我，我一生做的这些好事，全都是为我自己做的！"

如果你种下一盆花，经过细心呵护，花儿开了，它回报你的不只是美丽的色彩和醉人的香气，更会让你感觉到生命蓬勃的生机。同样，我们每传递一份爱，得到的不止是衷心的祝福与回报，还有灵魂的升华。

人的本性其实都是追求真善美的，不要让爱的传递因为外界因素而中断，即使平凡地生活、默默地奉献，同样能引起共鸣、赢得敬重。因为，爱是人生最美的底色。

点一盏心灯，为别人，也为自己

无论做人还是做事，与人为善都是一个最基本的出发点。让我们做一个善良的人，这是我们做人的底线。因为好人一生平安，因为善良这种品质正是上天给我们的最珍贵的奖赏。

其实，你怎样对待别人，别人就会怎样对待你；你怎样对待生活，生活也会以同样的态度来对你进行回报。

譬如，当你在为别人解答难题的同时，也让自己对于这个问题有了更进一步的理解；当你主动清理"城市牛皮癣"时，不仅整洁了市容，也明亮了自己的视野……诸如此类，举不胜举。

你要知道，一个自私自利、从不考虑他人的人，只会让自己众叛亲离。没有了朋友的支撑，你的人生之路只会越走越窄。

早些时候，一个精明的花草商人千里迢迢从遥远的非洲引进一种名贵的花卉，培育在自己的花圃里，准备到时候卖上个好价钱。对这种名贵花卉，商人爱护备至。许多亲朋好友向他索要，一向慷慨大方的他却连一粒种子也不给。他计划繁育三年，等拥有上万株后再开始出售和馈赠。

第一年的春天，他的花开了，花圃里万紫千红，那种名贵的花开得尤其漂亮，就像一缕缕明媚的阳光。第二年的春天，这种名贵的花已繁育出了五六千株，但今年的花没有去年开得好，花朵略小不说，还有一点点的杂色。到了第三年的春天，名贵的花已经繁育出了上万株，但令这位商人沮丧的是，那些名贵的花花朵变得更小，花色也差多了，完全没有了它在非洲时的那种雍容和艳丽。

难道这些花退化了吗？商人百思不得其解，便去请教一位植物学家。植物学家拄着拐杖来到他的花圃看了看，问他："你这花圃隔壁是什么？"

他说："隔壁是别人的花圃。"

植物学家又问他："他们种植的也是这种花吗？"

他摇摇头说："这种花在全荷兰，甚至整个欧洲也只有我一个人有，他们的花圃里都是些郁金香、玫瑰、金盏菊之类的普通花卉。"

植物学家沉思了半天说："我知道你这名贵之花不再名贵的致命秘密了。"植物学家接着说，"尽管你的花圃里种满了这种名贵之花，但毗邻的花圃里却种植着其他花卉，这种名贵之花被风传授了花粉后，又染上了毗邻花圃里其他品种的花粉，所以你的名贵之花一年不如一年，越来越不雍容艳丽了。"

商人问植物学家该怎么办，植物学家说："谁能阻挡住风传授花粉呢？要想使你的名贵之花不失本色，只有一种办法，那就是让你邻居的花圃里都种上你的这种花。"

于是商人把花种分给了邻居。次年春天花开的时候，商人和邻居的花圃几乎成了这种名贵之花的海洋——花朵又肥又大，花色典雅，朵朵流光溢彩，雍容艳丽。

没有一种高贵可以遗世独立。要想拥有一片花的海洋，就必须与人分享美丽，心灵无私，这是我们保持自身高贵的唯一秘诀。

所以，当黑暗来临时，不妨点一盏灯，为自己照亮的同时，也照亮了他人。不要吝啬于自己的善行。当你点燃那盏照亮的灯时，受益的不仅是路人，还有你自己。

漆黑的夜晚，一个远行的苦行僧到了一个荒僻的村落中，漆黑的街道上，村民们你来我往。

苦行僧走进一条小巷，他看见有一团晕黄的灯光从静静的巷道深处照过来。一位村民说："盲人过来了。"

盲人？苦行僧愣了，他问身旁的一位村民："那挑着灯笼的人真是盲人吗？"

他得到的答案是肯定的。

苦行僧百思不得其解。一个双目失明的盲人，他根本就没有白天和黑夜的概念，他看不到高山流水，也看不到桃红柳绿的世间万物，他甚至不知道灯光是什么样子的，那他挑一盏灯笼岂不可笑吗？

那灯笼渐渐近了，晕黄的灯光渐渐从深巷移游到了僧人的鞋上。百思不得其解的僧人问："敢问施主真的是一位盲者吗？"

那挑灯笼的盲人告诉他："是的，自从踏进这个世界，我就一直双眼混沌。"

僧人问："既然你什么也看不见，那为何挑一盏灯笼呢？"

盲者说："现在是黑夜吗？我听说在黑夜里没有灯光的映照，那么满世界的人都和我一样什么也看不见，所以我就点燃了一盏灯笼。"

僧人若有所悟地说："原来您是为了给别人照明。"

但那盲人却说："不，我是为自己！"

"为你自己？"僧人又愣了。

盲人缓缓地向僧人说："你是否因为夜色漆黑而被其他行人碰撞过？"

僧人说："是的，就在刚才，我还被两个人碰了一下。"

盲人听了，深沉地说："但我却没有。虽说我是盲人，我什么也看不见，但我挑了这盏灯笼，既为别人照亮了路，也更让别人看到了我。这样，他们就不会因为看不见而碰撞我了。"

爱是心中的一盏明灯，照亮的不仅仅是你自己。对于一个盲人而言，黑夜与白昼何来区别？然而，灯笼的光线虽然微弱，却足以让别人在黑暗中看到他的存在。他的善行照亮了别人，同时也照亮了自己，这看似有悖常理的行为，才是人生中的大智慧。

所以，在生命的夜色中，请为别人，也为自己点燃那盏生命之灯吧，如此，我们的人生将会更加地平安与灿烂！

全世界的黑暗也不能使一支小蜡烛失去光辉

第二次世界大战期间，一个多云黯然的午后，英国小说家西雪尔－罗伯斯照例来到伦敦郊外的一个墓地，拜祭一位英年早逝的文友。就在他转身准备离去时，竟意外地看到文友的墓碑旁有一块新立的墓碑，上面写着这样一句话：

全世界的黑暗也不能使一支小蜡烛失去光辉！

炭火般的语言，立刻温暖了罗伯斯阴郁的心，令他既激动又振奋。罗伯斯迅速地从衣兜里掏出钢笔，记下了这句话。他以为这句话一定是引用了某位名家的"名言"。为了尽早查到这句话的出处，他匆匆地赶回公寓，认真地逐册逐页翻阅书籍。可是，找了很久，他也未找到这句"名言"的来源。

于是，第二天一早他又重新来到墓地。从墓地管理员那里得知：长眠于那个墓碑之下的是一名年仅 10 岁的少年，前几天，德军空袭伦敦时，不幸被炸弹炸死。少年的母亲怀着悲痛，为自己的儿子立下了那块墓碑。

这个感人的故事令罗伯斯久久不能释怀，一股澎湃的激情促使罗伯斯提笔疾书。很快，一篇感人至深的文章从他的笔尖流淌出来。几天后，文章发表了。故事转瞬便流传开来，如希望的火种，鼓舞着人们为胜利而执着前行的脚步。

许多年后，一个偶然的机会，还在读大学的斯蒂芬也读到了这篇文章，并从中读出了那句话的隽永与深刻。斯蒂芬大学毕业后，放弃了几家企业的高薪聘请，毅然决定随一个科技普及小组去非洲扶贫。

"到那里，万一你觉得天气炎热受不了，怎么办？"

"非洲那里闹传染病，怎么办？"

"那里一旦发生战争，怎么办？"

面对亲友们那异口同声地劝说，斯蒂芬很坚定地回答："如果黑暗笼罩了我，我决不害怕，我会点亮自己的蜡烛！"

一周后，斯蒂芬怀揣着希望去了非洲。在那里，经过斯蒂芬和同伴们的不懈努力，用他们那点点烛光，终于照亮了一片天空，他们因此被联合国授予"扶贫大使"的称号。

不要以为自己的力量微薄，所做的事情对这个世界的帮助微乎其微，事实上，人之善恶不分轻重。一点恶是恶，只要做了，也能给人以损害；一点善是善，只要做了，就能给人以温暖。

有位朋友讲述过一段自己的经历。

一个雪天的早晨，他去图书馆借书，不经意间看见保洁员正在拖地。图书馆里人们进进出出，沾在鞋底的雪一到室内立刻融化，变成黑乎乎的脚印。保洁员不得不一次次地擦拭，直到有位送水工推门而入。

送水工探头看了看又退出去，不一会儿他再次进来，不过此时脚上却多了两个塑料袋，生怕踩脏了地板。保洁员站在一旁，眼光里有一种温暖的感动。

送水工的举动看似不起眼，可在那个大雪纷飞的早晨，却足以在他人心中注入春天般的温暖。小善，于细微处润物无声，也许只是为身后的人挡住门，也许只是给陌生人的一个搀扶，也许只是多走一步路将垃圾扔进垃圾箱……但倘若人人都能做到"勿以善小而不为"，就足以积小流，成江海。

环顾身边，我们可行之善事比比皆是，就看我们怎样去做。

其实，行善事并不一定非要有足够的能力以后才可以去做，力所能及的倾心相助才有着更为深刻的意义。善是不分大小的，只要我们心存善念，所行之事有益于社会，那就是善举。

节约水电，似乎不值一提，但确实可以使需要它的人享受更多资源，这就是行善；遵守公德，爱护公物，也许你觉得并不算什么，但我们生活的环境确实会因此变得更美好，这显然也是行善；公交车上让位与有需要的人、将跌倒的孩子扶起，些许小事，举手之劳，却都是实实在在的行善。

勿以善小而不为，勿以恶小而为之！如果我们大家都能将这句话置之座右，奉为处世箴言，则必然会增益良多，长进良多！

善良一直都在，别让心等待太久

我们居住的星球，犹如一条漂泊于惊涛骇浪中的航船，团结对于全人类的生存是至关重要的。我们为使人类未来的航船不至于在惊涛骇浪中颠覆，做"地球之舟"合格的船员，我们应该勇敢、坚定，更要有一颗善良的心。

许多善良的人们，为了世界和平、公民的平等，不断地努力争取；在国内的贫困地区，有些老师为了适龄儿童不致失学，用他们微弱的身躯、微薄的收入，支撑着一个村乃至几个村的教育；为了拯救病中的生命，许多不相识的人们捐献爱心等，这一切无不体现着人们的善良，人类的前景也因人们的善良充满着希望。

矿工下井刨煤时，一镐刨在哑炮上，哑炮响了，矿工当场被炸死。因为矿工是临时工，所以矿上只发放了一笔抚恤金，不再过问矿工的妻子和儿子以后的生活。

悲痛的妻子在丧夫之痛后面对来自生活上的压力，她无一技之长，只好收拾行装，准备回到那个闭塞的小山村去。这时矿工的队长找到了她，告诉她说矿工们都不爱吃矿上食堂做的早饭，建议她在矿上支个摊儿，卖点早点，一定可以维持生计。矿工妻子想了想，便点头答应了。

于是一辆平板车往矿上一支，馄饨摊儿就开张了。8毛钱一碗的馄饨热气腾腾，开张第一天就一下来了12个人。随着时间的推移，吃馄饨的人越来越多，最多时可达二三十人，而最少时从未少于12个人，而且风霜雪雨，从不间断。

直到有一天，队长刨煤时被哑炮炸成重伤，弥留之际，他对妻子说："我死之后，你一定要接替我每天去吃一碗馄饨，这是我们队12个兄弟的约定。自己的兄弟死了，他的老婆孩子，咱们不帮谁帮。"

从此以后，每天早晨，在众多吃馄饨的人群中，又多了一个女人的身影。来去匆匆的人流不断，而时光变幻之间唯一不变的是不多不少的12个人。

时光飞逝之间，当年矿工的儿子已长大成人，而他饱经苦难的母亲两鬓斑白，却依然用真诚的微笑面对着每一位前来吃馄饨的人，那是发自内心的真诚与善良。

更重要的是，前来光顾馄饨摊儿的人，尽管年轻地代替了年老的，女人代替了男人，但从未少过12个人。穿过十几年岁月沧桑，依然闪亮的是12颗金灿灿的爱心。

有一种承诺可以抵达永远，而用爱心塑造的承诺，穿越尘世间最昂贵的时光，12个共同的秘密其实只有一个秘密：爱可以永恒。

事实上，善良还在我们身边，不要让阴霾遮蔽了眼睛，吞噬了心灵里的一方净土。擦亮眼睛，让心灵回归，善良一直都在，别让你饥渴的内心等得太久，心灵需要善良的滋润。善良，近在咫尺，那是一种光芒，引人入胜的光芒。

我生命的意义，就是让更多的人需要我

在这个世界上，我们每个人都扮演着很多不同的角色：我们是父母，是爱人，是儿女，是友人……所有人都应该尽己所能扮演好这些角色，对社会作不求回馈的奉献。或许你的能力有限，但依然可以用物质的、精神的种种能力，去帮助一个人、两个人。当你被越来越多的人所需要时，你会感觉生命非常充实，因为你体现了自我价值，同时你也会感悟到生命的意义。

看过下面这个故事，你就会知道自己应该怎样去经营生命。

在阿迪河畔住着一个磨坊主，他是英格兰最快乐的人。他从早到晚总是忙忙碌碌，生活虽然艰难，但他仍然每天像云雀一样欢快地歌唱。他乐于助人，他的乐观豁达带动了整个农场，以至于人们能从很远的地方听到从农场里传出的欢声笑语。这一带的人遇到烦恼总喜欢用他的方式来调节自己的生活。

这个消息传到国王耳朵里，国王想，一个平民怎么能有那么多欢乐？国王决定拜访这个磨坊主。国王走进磨坊后就听到磨坊主在唱："我不羡慕任何人，只要有一把火我就会给人一点热；我热爱劳动，我有健康的身体和幸福的家庭；我不需要任何人的施舍，我要多快乐就有多快乐。"国王说："我羡慕你，如果我能像你一样无忧无虑，我愿意和你换个位置。"磨坊主说："我肯定不换。你只知道需要别人，而从不考虑别人需要你什么。我自食其力，因为我的妻子需要我照顾，我的孩子需要我关心，我的磨坊需要我经营，我的邻居需要我帮助。我爱他们，他们也很爱我，这使我很快乐。"国王说："你还需要什么？"磨坊主说："我希望别人更多地需要我。"国王说："不要再说了，如果有更多的人像你一样，世界该有多么美好啊！"

故事到这里还没有结束。二百年以后，国王与磨坊主又一次相遇了，只不过这时的他们都已转世轮回。磨坊主因为希望被更多的人所需要，转世做了露珠，滋润万物，而国王只知道需要别人，这一世他做了个乞丐。

那一天，乞丐很早便出门了，当他把米袋从右手换到左手，正要吹一下手上的灰尘时，一颗大而晶莹的露珠掉到了他的掌心上。

乞丐看了一会儿，将手掌举到唇边，对露珠说：

"你知道我将做要什么吗？"

"你将会把我吞下去。"

"看来你比我更可怜，生命操纵在别人手中。"

"你说错了，我的思想里没有'可怜'这两个字。我曾经滋润过一朵很大的丁香花蕾，并让她美丽地绽放，为这世间增添了一抹艳丽。现在我又将滋润另一个生命，这是我最大的快乐和幸福，我此生无悔。"

生命的意义是什么？这个故事给了我们答案：不是金钱，不是情欲，不是一切身外之物，而是被需要。这是生命的幸福快乐之源。它使我们在实现社会价值和个人价值的同时，超脱了私欲纠缠，进入高贵状态。

需要是一种索取，被需要则意味着忘我地付出，但我们生命本身不会因为"付出"而削弱，反而我们给予的越多，得到也会越多。许多人被我们铭记于心，流芳百世，就是因为他们奉行了"最大的需要是被需要"这一生命原则。我们刻意去追求价值，却不知生命的价值只有在满足别人或社会的某种需求时，才会被无限放大。

携一缕淡然，
带一份安好的心态

做一个淡然的人，带一份安好的心态，不浮不躁，不争不抢，不去计较浮华之事，不是不追求，只是不去强求。淡然地过着自己的生活，不要轰轰烈烈，只求安安心心。

做最好的自己，而不是别人希望的样子

如果可以，谁都希望给所遇到的每一个人都留下良好印象，但是，没有必要为了迎合别人的口味，而放弃自己的理想、原则、追求和个性，否则，将是人生中最大的悲哀。

张谦从青春年少熬到斑斑白发，却还只是个小职员。他为此极不快乐，每次想起来就掉泪。有一天下班了，他心情不好没有着急回家，想想自己毫无成就的一生，越发伤心，竟然在办公室里号啕大哭起来。

这让同样没有下班回家的一位同事小李慌了手脚，小李大学毕业，刚刚调到这里工作，人很热心。他见张谦伤心的样子，觉得很奇怪，便问他到底为什么难过。

张谦说："我怎么不难过？年轻的时候，我的上司爱好文学，我便学着作诗、写文章，想不到刚觉得有点小成绩了，却又换了一位爱好科学的上司。我赶紧又改学数学、研究物理，不料上司嫌我资历太浅，不够老成，还是不重用我。后来换了现在这位上司，我自认文武兼备，人也老成了，谁知上司又喜欢青年才俊，我……我眼看年龄渐高，就要退休了，一事无成，怎么不难过？"

可见，没有自我的生活是苦不堪言的，没有自我的人生是索然无味的，丧失自我是悲哀的。要想拥有美好的生活，自己必须自强自立，拥有良好的生存能力。没有生存能力又缺乏自信的人，肯定没有自我。一个人若失去自我，就没有做人的尊严，就不能获得别人的尊重。

一个小贩弄了一大筐新鲜的葡萄在路边叫卖。他喊道："甜葡萄，葡萄不甜不要钱！"可是有一个孕妇刚好要买酸葡萄，结果这个买主就走掉了。小贩一想，忙改口喊道："卖酸葡萄，葡萄不酸不要钱！"可是任凭喊破嗓子，从他身边走过的情侣、学生、老人都不买他的葡萄，还说这人是不是有病啊，酸葡萄卖给谁吃啊！再后来，卖葡萄的就开始喊了："卖葡萄，不酸不甜的葡萄！"

可见，人活着应该是为了充实自己，而不是为了迎合别人的旨意。没有自我的人，总是考虑别人的看法，这是在为别人而活着，所以活得很累。就像上面故事中的张谦总想着迎合自己的领导，可是这恰恰使他失去了自己最宝贵的东西——真我本色。而在他不断地根据不同领导的口味调整自己做人与做事的"策略"的时候，时间飞快地流逝，同时他也失去了真正的机会，落得一事无成。

一个人的主见往往代表了一个人的个性。一个为了迎合别人而抹杀自己个性的人，就如同一只电灯泡里面的保险丝烧断了一样，再也没有发亮的机会。无论如何，你要保持自己的本色，坚持做你自己。

蜚声世界影坛的意大利著名电影明星索菲亚·罗兰能够成为令世人瞩目的超级影星，是和她对自我价值的肯定以及她的自信心分不开的。

为了生存，以及对电影事业的热爱，16 岁的罗兰来到了罗马，想在这里涉足电影界。没想到，第一次试镜就失败了，所有的摄影师都说她够不上美人标准，都抱怨她的鼻子和臀部。没办法，导演卡洛·庞蒂只好把她叫到办公室，建议她把臀部削减一点儿，把鼻子缩短一点儿。一般情况下，许多演员都对导演言听计从。可是，小小年纪的罗兰却非常有勇气和主见，拒绝了对方的要求。她说："我当然懂得因为我的外形跟已经成名的那些女演员颇有不同，她们都相貌出众，五官端正，而我却不是这样。我的脸毛病太多，但这些毛病加在一起反而会更有魅力呢。如果我的鼻子上有一个肿块，我会毫不犹豫把它除掉。但是，说我的鼻子太长，那是无道理的，因为我知道，鼻子是脸的主要部分，它使脸具有特点。我喜欢我的鼻子和脸的本来样子。说实在的，我的脸确实与众不同，但是我为什么要长得跟别人一样呢？"

"我要保持我的本色，我什么也不愿改变。"

"我愿意保持我的本来面目。"

正是由于罗兰的坚持，使导演卡洛·庞蒂重新审视，并真正认识了索菲亚·罗兰，开始了解她并且欣赏她。

罗兰没有对摄影师们的话言听计从，没有为迎合别人而放弃自己的个性，没有因为别人的否定而丧失信心，所以她才得以在电影中充分展示自己与众不同的美。而且，她的独特外貌和热情、开朗、奔放的气质开始得到人们的承认。后来，她主演的《两妇人》获得巨大成功，并因此而荣获奥斯卡最佳女演员奖金像奖。

虚荣是一种欲望，一旦这种欲望得不到理性的控制，就会泛滥。泛滥的结果就会使人忘记了一个深刻的道理：做人切忌盲从，别人觉得好的，未必就适合你。对于任何一个人来说，无论是在工作中还是在生活中，最重要的不是为了迎合别人而改变自己，而是要保持本色，做最好的自己。

尝试自己想要尝试的东西

人生是你自己的，道路也是你自己的，怎样走应该是你自己的事。如果你把决定权交给了别人，就等于放弃了对人生的控制，这不但愚蠢，而且还是很危险的事情。

那时，她还是个小女孩。有一次母亲带她一起整理鞋柜，鞋柜里脏乱不堪，有的鞋子已经变形和开裂得丑陋不堪，尤其是父亲的那双鞋，还散发着一股难闻的汗臭味，她便建议母亲扔掉那些鞋子。可母亲抚摸一下她的头发，说："傻丫头，这些鞋都是有特殊意义的。"随后，母亲拿起一双浅口红皮鞋，满脸的幸福和温情，回忆起和她父亲的相识：

"17 岁那年，我遇到你父亲，拿不定主意是否嫁给他。我的母亲说，那就要他给你买双鞋吧，从男人买什么样的鞋就能看出他的为人。我有点不相信，直到他将这双红皮鞋送到我跟前。母亲说，红色代表火热，浅口软皮代表舒适，半高跟代表稳重，昂贵的鳄鱼皮代表他的忠诚，放心吧，这是一个真爱你的男人。"

从那以后，她开始珍惜父母送给她的每一双鞋子，当她成为拉普拉塔大学法律系的一名学生时，她已经收藏了好多双不同款式的高跟鞋。而法律系有一个来自南方的青年，英俊潇洒，口才超群，悄然地走入她这位怀春少女的心田。终于在大三时两人捅破了相隔的那层纸，将同窗关系发展为恋爱关系。她陶醉在甜蜜的爱情之中，被这火热的感情所鼓舞，于是带着如意情郎去见父母。母亲对这个邮政工人的儿子能否给女儿的未来带来幸福表示怀疑，附在女儿耳边轻轻对女儿说："让他给你买双鞋看看吧！"她觉得是个好主意，就照办了。

然而，傻乎乎的情郎不知是测试，想既然是为恋人买鞋就得尊重她的意见，硬拖着屡次推却的情人一起去。然而买鞋那天，平时喜欢滔滔宏论的她始终一声不吭，结果两人逛了大半天都毫无所获。最后，他们来到一家欧洲品牌鞋店，有两双白色皮鞋看上去不错，他知道意中人喜欢白色，于是柔声问她："你想要高跟的，还是平跟的？"她心不在焉地随口答道："我拿不定主意，你看哪双好呢？"他略加思索后，说："那就等你想好了再来吧！"于是，他拉着怏怏不乐的她，离开了。

几天后，他非常认真地问她："想好买哪双了吗？"她依然是漠不关心地说没有。这"木头"情郎终于"开窍"了，说出了她期待已久的话："那就只好让我替你做了！"她兴奋地等待了3天，终于等到了他的礼物，不过他吩咐她不要当面打开。

晚上，她将鞋盒抱回家，和母亲一起怀着激动的心情将礼物打开，出现在眼前的两只鞋居然是一只高跟一只平跟。她气得脸色发青，恨恨地咬着牙齿，呼的一声关上闺门，蒙在被子里号啕大哭起来。她的父亲也勃然大怒："明天约他来吃晚餐，看他如何解释，我女儿可不是跛子！"

第二天，他应邀登门，面对质问，却不慌不忙地说："我想告诉我心爱的人，自己的事情要自己拿主意，当别人作出错误的决定时，受害者就会是自己！"随后，他从包里拿出另外两只一高一矮的鞋子，说，"以后你可以穿平跟鞋去看足球，穿高跟鞋去看电影。"父亲在女儿的耳边悄声而激动地说："嫁给他！"

"木头"情郎叫基什内尔，2003年当选为阿根廷总统，而她就是第一夫人克里斯蒂娜·赞尔兰。2007年12月10日，克里斯蒂娜从卸任阿根廷总统的丈夫手中接过象征总统权力的权杖，成为阿根廷历史上第一位民选女总统。他们夫妇交接总统权杖，成为现代历史上第一例。

不要总是让别人替你做主，包括你的父母，因为一旦你为别人的看法所左右时，你已沦为别人的奴隶。永远只做自己的主人，这样才能做到自尊自爱。

当现实需要考验你内心的智慧时，记住，一定要去尝试自己想要尝试的东西。相信自己的直觉，不要让别人的意见扰乱你的计划。如果自己感觉很好，就跟着感觉走吧，否则你永远不会知道结局有多么美好。不要让别人的议论淹没你内心的声音、你的想法，和你的直觉。因为它们已经知道你的梦想，别的一切都是次要的。

只要适合自己，就是美丽快乐的人生

或许很多人都曾有过这样的感受，小时候总是很羡慕别人，或是羡慕别人有漂亮的衣服，或是羡慕别人有新奇的玩具，或是羡慕别人有可爱的弟弟妹妹，总之就是觉得别人的东西才是最好的，从不去想那些东西是不是适合自己，也可能等到自己成熟之后，才发现那不是适合自己的。

就像有的人喜欢穿长裙，有的人喜欢穿牛仔裤，还有人喜欢穿西装，也有人喜欢穿 T 恤。穿长裙的对穿牛仔裤的休闲风格欣赏有加，穿牛仔裤的对穿长裙的柔美气质艳羡不已，穿西装的对穿 T 恤的自由随意渴望已久，穿 T 恤的对穿西装的端庄稳重心驰神往。然而他们如果换着穿衣，很可能自己的风格就不复存在，只剩不伦不类的难堪。

好的不一定适合你，鞋子舒不舒服只有脚知道。再华丽的鞋子，哪怕是童话里的水晶鞋，如果穿在自己的脚上无法行走，那外表的光鲜又有何用？所以，不要羡慕那些"好的"，对我们每个人来说，我们应该追求的是那些"适合的"。

一位徒步旅行者去浪漫的法国旅游。有一天，他漫步走到法兰西剧院附近，远远地看见了大师莫里哀的纪念像。他走到跟前瞻仰的时候，才发现大师雕像的脚下有个穿着厚厚的夹克和牛仔裤的头发蓬乱的乞丐。

那是一个典型的欧洲乞丐，一头没有打理过的金色头发，胡子拉碴。显然，因为时间尚早，那乞丐应该也是刚到，他跪坐在足有双人床那么大的薄毯上，一样一样地、细心地摆弄着他的家什：番茄酱、芥末酱、蛋黄酱、醋……还有许多种旅行者叫不上名字的东西，但看上去似乎都是调料。

乞丐发现旅行者在看他，抬头友善地一笑。旅行者大胆地跟他打招呼，问他："你有那么多东西了，还要什么呢？"乞丐开心地大笑，双手一摊，指着他的家当说："这些东西有什么用处！我得要到每天的面包呀！"是啊，尽管这位乞丐已经拥有了那么多调料，可他仍需"要到每天的面包"，因为那些调料无法充饥。对他而言，只有面包才是最重要的，只有面包才是他每天必需的东西，才是最符合他要求的东西。

联想我们自己的生活。有时候，我们费尽心机、千辛万苦得到了某些东西，可那些东西是我们真正需要的吗？是真的适合我们的吗？要钻石还是要爱情？这个问题跟要面包还是要调料其实是一样的。很多时候，我们的追求本末倒置，我们为之羡慕和迷醉的，或许并不是我们真正需要的。

在一条乡村的小路边，有一眼清澈的山泉。村里人上街或者串亲戚，路过山泉，便停下蹲在泉眼边喝水解渴，顺便看一眼宜人的景色。人们开始或用手捧水，或用树叶折叠成碗状舀水喝，后来不知道谁放了个破碗在泉边，大家感到非常方便。

过了一段日子之后，有人看到那个破碗不够美观，于是就把它一脚踢到旁边，不知滚到哪里去了。然后那人换上了一只非常漂亮的瓷碗。过路人都觉得还是这只碗美观，喝起水来仿佛也分外甘甜。

然而，让人们意想不到的是，没过几天时间，那只漂亮的瓷碗不翼而飞了。好碗丢失了，破碗又被扔到一边，人们只好又用树叶或用手捧水喝，相当不习惯。于是，又有热心人买来一只好瓷碗，放到了泉水边。

可惜的是，这只瓷碗的命运与前一只瓷碗的命运没有两样。很快，好瓷碗再次不翼而飞了。这时候，人们才想起来，漂亮的瓷碗很容易被人拿走，买只好碗放在泉边，根本没有必要，它很容易丢失，那样只会给路人带来更大的不便。而破碗放在山泉边上，除了喝水的人，谁都不会注意的。

于是，人们去把那只破碗找了回来，让它重新回到原来的位置。那重新捡回来的破碗，一直沿用到今天，再没有丢失过。

这个故事就像我们的人生，好的东西不一定是合适的，而合适的东西也不一定就是好的。有人在高温烈日下徒步跋涉却乐在其中，有人在空调房里斜靠沙发手捧零食看韩剧，同样逍遥自在。旅行者也许会认为看韩剧者是在浪费生命，看韩剧者则认为对方是自找罪受，谁也不能理解谁。但其实只要适合自己，就是美丽快乐的人生。

因此，在生活中我们不必整天为得不到"好的"而懊恼。羡慕别人的工作工资甚高，可是把你放在那个位置上你能胜任吗？羡慕别人的爱人温暖贴心，可换成你们在一起，你俩的性格搭调吗？羡慕别人的孩子懂事有出息，可那是你的亲生骨肉吗？

微风吹过，蒲公英的种子打开降落伞在风中寻找自己的目标，它们中有的选择了美丽的大海歇息，有的选择了广袤的沙漠嬉戏，也有的一头扎进黑兮兮的土里。第二年，春风吹起的时候，只有将家安在土中的种子才能在阳光下露出美丽的笑脸。

找到属于你的沃土，你才能生根发芽。所以，只有知道了自己想要的是什么，知道了适合自己的是什么，我们的人生才会有方向，才会更容易成功。

潇洒来去，苦乐皆是人生美味

在人生旅程中，的确有很多东西都是靠努力打拼得来的，因其来之不易，所以我们不愿意放弃。比如让一个身居高位的人放下自己的身份，忘记自己过去所取得的成就，回到平淡、朴实的生活中去，肯定不是一件容易的事情。但是有时候，你必须放下已经拥有的一切，否则你所拥有的反而会成为你生命的桎梏。

生命的整个过程不会总是一帆风顺，成与败，得与失，都是这过程的装饰，一路走来繁花锦簇也好，萧瑟凄凉也罢，终究会成为过眼云烟，重要的是自己心里的感受。

《茶馆》中常四爷有句台词："旗人没了，也没有皇粮可以吃了，我卖菜去，有什么了不起的？"他哈哈一笑。可孙二爷呢，他说："我舍不得脱下大褂啊，我脱下大褂谁还会看得起我啊？"于是，他就永远穿着自己的灰大褂，可他就没法生存，他只能永远伴着他那只黄鸟。

生活中，很多人舍不得放下所得，这是一种视野狭隘的表现。这种狭隘不但使他们享受不到"得到"的幸福与快乐，反而会给他们招来祸患。秦朝的李斯就是这样的一个很好的例证。

李斯曾经位居丞相之职，一人之下，万人之上，荣耀一时，权倾朝野。虽然当他达到权力地位顶峰之时，曾多次回忆起恩师"物忌太盛"的话，希望回家乡过那种悠闲自得、无忧无虑的生活，但由于贪恋权力和富贵，所以始终未能离开官场，最终被奸臣陷害，不但身首异处，而且殃及三族。李斯是在临死之时才幡然醒悟的，他在临刑前，拉着二儿子的手说："真想带着你哥和你，回一趟上蔡老家，再出城东门，牵着黄犬，逐猎狡兔，可惜，现在太晚了！"

心理学家分析，一个人若是能在适当的时间选择做短暂的"隐退"，不论是自愿的还是被迫的，都是一个很好的转机，因为它能让你留出时间观察和思考，使你在独处的时候找到自己内在的真正的世界。尽管掌声能给人带来满足感，但是大多数人在舞台上的时候，其实却没有办法做到放松，因为他们正处于高度的紧张状态，反而是离开自己当主角的舞台后，才能真正享受到轻松自在。虽然失去掌声令人惋惜，但"隐退"是为了进行更深层次的学习，一方面挖掘自己的潜力，一方面重新上发条，平衡日后的生活。

作家尹萍曾经做过杂志主编，翻译出版过许多知名畅销书，她在四十岁事业最巅峰的时候退下来选择了当个自由撰稿人，重新思考人生的出路，后来她说："在其位的时候总觉得什么都不能舍，一旦真的舍了之后，才发现好像什么都可以舍。"

事实上，全身而退是一种智慧和境界。为什么非要得到一切呢？活着就是老天最大的恩赐，健康就是财富，你对人生要求越少，你的人生就会越快乐。对于我们这些平凡人来说，能怀一颗平常善良之心，淡泊名利，对他人宽容，对生活不挑剔、不苛求、不怨恨。富不行无义，贫不起贪心，这就是一种人生的练达。

得失成败，人生在所难免；潇洒来去，苦乐皆成人生美味。

不必在乎自己太平凡

成功是我们一生追求的目标，可是在人生的路上，衡量成功还是失败绝非只有结果这个唯一的标准。而且我们还应该考虑一下，我们盯着这个"成功"付出了怎样的代价，是得大于失，还是失大于得。

一位天文学家每天晚上外出观察星象。

一天晚上，他在市郊慢慢前行时，不小心掉进一口枯井里。他大声呼救。

正巧一个过路的和尚听见了，急忙赶过来救他。和尚看见天文学家的狼狈样，不禁感叹道："施主，你只顾探索天上的奥秘，怎么连眼前的普通事物也视而不见了？"

那天文学家却说："对于我而言，探索到天上的奥秘是我的梦想，也标志着我人生的成功。"和尚只有无奈地摇头。

对成功的定义，应该说是仁者见仁，智者见智。有的人认为腰缠万贯才是成功，可是财富却往往与幸福无关。虽然财富可以带给人幸福感，但并不代表财富越多人越快乐。一旦人的基本生存需要得到满足后，每一元钱的增加对快乐本身都不再具有任何特别意义。换句话说，到了这个阶段，金钱就无法换算成幸福和快乐了。

如果一个人在拼命追求金钱的过程中，忽略了亲情，失去了友谊，也放弃了对生命其他美好方面的享受，到最后即便成了亿万富翁，也难以摆脱孤独和迷惘的纠缠。所以并非金钱决定了我们的愿望和需求，而是我们的愿望和需求决定了金钱和地位对我们的意义。你比陶渊明富足一千倍又怎么样，你能得到他那份"采菊东篱下，悠然见南山"的怡然吗？

在美国新泽西州，有一位叫莫莉的著名兽医劝告人们向动物学习。她拿鸟做例子说："鸟懂得享受生命。即使最忙碌的鸟儿也会经常停栖在树枝上唱歌。当然，这可能是雄鸟在求偶或雌鸟在应和，不过，我相信它们大部分时间是为了生命的存在和活着的喜悦而欢唱。"

可是作为万物之灵长的人类，在对待生命的态度上却未必能有这种豁达。有的人穷其一生，都无法达到这样的境界。有的人认为，得到了金钱就得到了幸福，这是多么可笑的想法！可见，他们并不知道金钱和幸福是没有必然联系的。有了金钱，并不一定就会带来幸福，反而，因为金钱而引发不幸的事例倒是比比皆是。

还有的人认为只有拥有了盛名，才意味着成功。殊不知，功名利禄不过是过眼烟云，生命的辉煌恰恰隐藏在平凡生活的点滴之中。哥伦比亚大学的政治学教授亚力克斯·迈克罗斯发现，那些脚踏实地、实事求是的人往往比那些好高骛远的人快乐得多。

其实谁也不至于活得一无是处，谁也不能活得了无遗憾。一个人不必太在乎自己的平凡，平凡可以使生命更加真实；一个人不必太在乎未来会如何，只要我们努力，未来一定不会让我们失望；一个人不必太在乎别人如何看自己，只要自己堂堂正正，别人一定会对我们尊重；一个人不必太在乎得失，人生本来就是在得失间徘徊往复的。

一个人要想生活得快乐，就要学会根据自己的实际情况来调整奋斗目标，适当压制心底的欲望。不要因为自己才智平庸而闷闷不乐，生活中，智慧与快乐并无联系，反倒是"聪明反被聪明误"、"傻人有傻福"的例子俯拾皆是。

养心莫善于寡欲

中国有一句话叫"知足常乐"。孟子有一句话"养心莫善于寡欲"，是说希望心能够正，欲望越少越好。他还说："其为人也寡欲，虽不存焉者寡矣；其为人也多欲，虽有存焉者寡矣。"欲少则仁心存，欲多则仁心亡，说明了欲与仁之间的关系。

自古仕途多变故，所以古人以为身在官场的纷华中，要有时刻淡化利欲之心的心理。利欲之心人固有之，甚至生亦我所欲，所欲有甚于生者，这当然是正常的，问题是要能进行自控，不要把一切看得太重，到了接近极限的时候，要能把握得准，跳得出这个圈子，不为利欲之争而舍弃了一切。

怎么才能使自己的欲望趋淡呢？"仕途虽纷华，要常思泉下的光景，则利欲之心自淡"。常以世事世物自喻自说则可贯通得失。比如，看到深山中参天的古木不遭斧斤，葱茏蓬勃，究其原因是它们不为世人所知所赏，自是悠闲岁月，福泽绵长，"方信人是福人"；看到天际的彩云绚丽万状，可是一旦阳光淡去，满天的绯红嫣紫，瞬时成了几抹淡云，古人就会得出结论"常疑好事皆虚事"。

人生在世，除了生存的欲望以外，还有各种各样的欲望，自我实现就是其中之一。欲望在一定程度上是促进社会发展的动力，可是，欲望是无止境的，欲望太强烈，就会造成痛苦和不幸，这种例子不胜枚举。因此，人应该尽力克制自己过高的欲望，培养清心寡欲，知足常乐的生活态度。

《菜根谭》中主张："爵位不宜太盛，太盛则危；能事不宜尽华，尽华则衰；行谊不宜过高，过高则谤兴而毁来。"意即官爵不必达到登峰造极的地步，否则就容易陷入危险的境地；自己得意之事也不可过度，否则就会转为衰颓；言行不要标榜过高，否则就会招来诽谤或攻击。

同理，在追求快乐的时候，也不要忘记"乐极生悲"这句话，适可而止，才能拥有真正的快乐。大凡美味佳肴吃多了就如同吃药一样，只要吃一半就够了；令人愉快的事追求太过则会成为败身丧德的媒介，能够控制一半才是恰到好处。

所谓"花看半开，酒饮微醉，此中大有佳趣。若至烂漫酕醄，便成恶境矣。履盈满者，宜思之"，意即赏花的最佳时刻是含苞待放之时，喝酒则是在半醉时的感觉最佳。凡事只达七八分处才有佳趣产生，正如酒止微醺，花看半开，则瞻前大有希望，顾后也没断绝生机。如此自能悠久长存于天地畛域之中。

又如："宾朋云集，剧饮淋漓乐矣，俄而漏尽烛残，香销茗冷，不觉反而呕咽，令人索然无味。天下事率类此，奈何不早回头也。"痛饮狂欢固然快乐，但是等到曲终人散，夜深烛残的时候，面对杯盘狼藉必然会兴尽悲来，感到人生索然无味。天下事莫不如此，为什么不及早醒悟呢？

有些人太看重名利，甚至把自己的身家性命都押在了上面。其实生命的乐趣很多，何必那么关注功名利禄这些身外之物呢？少点欲望，多点情趣，人生会更有意义。更何况该是你的跑不掉，不该是你的争也白搭。

古人云：求名之心过盛必作伪，利欲之心过盛则偏执。面对名利、物质，能够做到视名利如粪土，视物质为赘物，在简单、朴素中体验心灵的丰盈、充实，才能将自己始终置身于一种平和、淡定的境界之中。

一个欧洲观光团来到非洲一个叫亚米亚尼的原始部落。部落里有位老者，穿着白袍，盘着腿安静地在一棵菩提树下做草编。草编非常精致，它吸引了一位法国商人。他想：要是将这些草编运到法国，巴黎的妇人戴着这种草编的小圆帽，挎着这种草编的花篮，将是多么时尚、有风情啊！想到这里，商人激动地问："这些草编多少钱一件？"

"10比索。"老者微笑着回答道。

"天哪！这会让我发大财的。"商人欣喜若狂。

"假如我买10万顶草帽和10万个草篮，那你打算每一件优惠多少钱？"

"那样的话，就得要20比索一件。"

"什么？"商人简直不敢相信自己的耳朵！他几乎大喊着问，"为什么？"

"为什么？"老者也生气了，"做10万件一模一样的草帽和10万个一模一样的草篮，它会让我乏味死的！"

在追逐欲望的过程中，许多现代人忘了生命中除却金钱之外的许多东西。或许，那位"荒诞"的亚米亚尼老者才真正参悟了人生的真谛。

心中的贪欲常使我们受到束缚，令我们不舍得放开握有"坚果"的手，其实只要我们放下无谓的坚持，就可以活得逍遥自在。